T0245082

Wissenschaftliche Reihe Fahrzeugtechnik Universität Stuttgart

Das Institut für Verbrennungsmotoren und Kraftfahrwesen (IVK) an der Universität Stuttgart erforscht, entwickelt, appliziert und erprobt, in enger Zusammenarbeit mit der Industrie, Elemente bzw. Technologien aus dem Bereich moderner Fahrzeugkonzepte. Das Institut gliedert sich in die drei Bereiche Kraftfahrwesen, Fahrzeugantriebe und Kraftfahrzeug-Mechatronik. Aufgabe dieser Bereiche ist die Ausarbeitung des Themengebietes im Prüfstandsbetrieb, in Theorie und Simulation.
Schwerpunkte des Kraftfahrwesens sind hierbei die Aerodynamik, Akustik (NVH), Fahrdynamik und Fahrermodellierung, Leichtbau, Sicherheit, Kraftübertragung sowie Energie und Thermomanagement – auch in Verbindung mit hybriden und batterieelektrischen Fahrzeugkonzepten.
Der Bereich Fahrzeugantriebe widmet sich den Themen Brennverfahrensentwicklung einschließlich Regelungs- und Steuerungskonzeptionen bei zugleich minimierten Emissionen, komplexe Abgasnachbehandlung, Aufladesysteme und -strategien, Hybridsysteme und Betriebsstrategien sowie mechanisch-akustischen Fragestellungen.
Themen der Kraftfahrzeug-Mechatronik sind die Antriebsstrangregelung/Hybride, Elektromobilität, Bordnetz und Energiemanagement, Funktions- und Softwareentwicklung sowie Test und Diagnose.
Die Erfüllung dieser Aufgaben wird prüfstandsseitig neben vielem anderen unterstützt durch 19 Motorenprüfstände, zwei Rollenprüfstände, einen 1:1-Fahrsimulator, einen Antriebsstrangprüfstand, einen Thermowindkanal sowie einen 1:1-Aeroakustikwindkanal.
Die wissenschaftliche Reihe „Fahrzeugtechnik Universität Stuttgart" präsentiert über die am Institut entstandenen Promotionen die hervorragenden Arbeitsergebnisse der Forschungstätigkeiten am IVK.

Herausgegeben von
Prof. Dr.-Ing. Michael Bargende
Lehrstuhl Fahrzeugantriebe,
Institut für Verbrennungsmotoren und Kraftfahrwesen, Universität Stuttgart
Stuttgart, Deutschland

Prof. Dr.-Ing. Jochen Wiedemann
Lehrstuhl Kraftfahrwesen,
Institut für Verbrennungsmotoren und Kraftfahrwesen, Universität Stuttgart
Stuttgart, Deutschland

Prof. Dr.-Ing. Hans-Christian Reuss
Lehrstuhl Kraftfahrzeugmechatronik,
Institut für Verbrennungsmotoren und Kraftfahrwesen, Universität Stuttgart
Stuttgart, Deutschland

Johannes Dawidziak

Methodische Entwicklung eines Systems zur Abgasenergierückgewinnung und dessen Untersuchung an einem Höchstleistungs-Dieselmotor

Johannes Dawidziak
Neckarsulm, Deutschland

Zugl.: Dissertation Universität Stuttgart, 2014

D93

Wissenschaftliche Reihe Fahrzeugtechnik Universität Stuttgart
ISBN 978-3-658-11055-0

Die Deutsche Nationalbibliothek verzeichnet diese Publikation in der Deutschen Nationalbibliografie; detaillierte bibliografische Daten sind im Internet über http://dnb.d-nb.de abrufbar.

Springer Vieweg

Gedruckt auf säurefreiem und chlorfrei gebleichtem Papier

Springer Fachmedien Wiesbaden ist Teil der Fachverlagsgruppe Springer Science+Business Media
(www.springer.com)

Vorwort

Die vorliegende Arbeit entstand im Rahmen meiner Tätigkeit als wissenschaftlicher Mitarbeiter am Institut für Verbrennungsmotoren und Kraftfahrwesen (IVK) der Universität Stuttgart unter der Leitung von Herrn Prof. Dr.-Ing. Michael Bargende. Für die wissenschaftliche und persönliche Betreuung gilt ihm mein besonderer Dank.

Herrn Prof. em. Dr.-Ing. Günter Hohenberg danke ich herzlich für das entgegengebrachte Interesse und die Übernahme des Koreferates.

Zusätzlich möchte ich mich bei allen Mitarbeitern des Instituts für Verbrennungsmotoren und Kraftfahrwesen (IVK) und dem Forschungsinstitut für Kraftfahrzeuge und Fahrzeugmotoren Stuttgart (FKFS) bedanken. Besonderer Dank gilt den Herren Dr.-Ing. Michael Auerbach, Frederik Haußmann und Hans-Jürgen Berner für die organisatorische sowie fachliche Unterstützung.

Besonders bedanken möchte ich mich bei allen Mitarbeitern der Audi Sport Motorenentwicklung in Neckarsulm und Ingolstadt unter der Leitung von Herrn Ulrich Baretzky. Ihm ist es zu verdanken, dass ich meine Forschungstätigkeit in der äußerst interessanten Entwicklungsumgebung des Motorsports durchführen konnte und deren Ergebnisse zur Veröffentlichung freigegeben sind. Für die Projektinitiierung gilt mein Dank Herrn Thomas Reuss und ganz besonders Herrn Dr.-Ing. Marc Feßler, der zusätzlich die Projektleitung und die fachliche Unterstützung übernahm. Des Weiteren möchte ich mich bei Herrn Wolfgang Kotauschek bedanken, der im Rahmen seiner Tätigkeit als Leiter des Grundlagenversuchs der Audi Sport Motorenentwicklung mir jederzeit das notwendige Vertrauen schenkte.

Außerdem möchte ich mich bei den Herren Jeffrey Lotterman, Arnost Patik und Jiri Kubec des Entwicklungspartners Honeywell Turbo Technologies und Andrea Dappiano, Marco Vercellino sowie Matteo Cereda von Magneti Marelli Motorsport für ihren unermüdlichen Einsatz bedanken.

Weiterer Dank gilt den ehemaligen Studenten Markus Schiefer, Sebastian Gehres, Andreas Oberting und Christoph Seikel, die im Rahmen ihrer Abschlussarbeit einen wertvollen Beitrag zu meiner Arbeit geleistet haben.

Großrinderfeld — Johannes Dawidziak

Inhaltsverzeichnis

Abbildungsverzeichnis

Tabellenverzeichnis

Abkürzungsverzeichnis

abs	absolut
AC	Alternating Current (Wechselstrom)
ACO	Automobile Club de l'Ouest
AÖ	Auslass Öffnen
ASME	American Society of Mechanical Engineers
ASR	Anti-Schlupf-Regulierung
AV	Absteuerventil; Auslassventil
AWÜ	Abgaswärmeübertrager
CAD	Computer-Aided Design
CAN	Controller Area Network
CFK	Carbonfaserverstärkter Kunststoff
CRP	Clausius-Rankine Prozess
CU	Control Unit (Leistungselektronik)
DC	Direct Current (Gleichstrom); Duty Cycle
DOHC	Double Overhead Camshaft
ERS	Energy Recovery System
ES	Energiespeicher
ETC	elektrisches Turbocompound-Verfahren
EV	Einlassventil
FFT	Fast Fourier Transformation
FIA	Fédération Internationale de l'Automobile
FKFS	Forschungsinstitut für Kraftfahrzeuge und Fahrzeugmotoren Stuttgart
GT	Gran Turismo; Gamma Technologies
HA	Hinterachse
HERS	Heat Energy Recovery System
HIN	Hochschulinstitute Neckarsulm
HTT	Honeywell Turbo Technologies
HV	Hochvolt
IEC	International Electrotechnical Commission
IGBT	Insulated-Gate Bipolar Transistor
IVK	Institut für Verbrennungsmotoren und Kraftfahrwesen (Universität Stuttgart)
JBP	Joule-Brayton Prozess
KERS	Kinetic Energy Recovery System
Kon	Kondensator
KW	Kurbelwinkel
Li-Ion	Lithium-Ionen-Akkumulator

LLK	Ladeluftkühler
LMP	Le Mans Prototype
LW	Ladungswechsel
LWOT	Ladungswechsel-OT
MGU	Motor Generator Unit
MGU-H	Motor Generator Unit (HERS)
MGU-K	Motor Generator Unit (KERS)
MMM	Magneti Marelli Motorsport
MPI	Multi-Port Injection
MS	Motorsteuergerät
NEFZ	Neuer Europäischer Fahrzyklus
OT	oberer Totpunkt
Reku	Rekuperation
SAE	Society of Automotive Engineers
SP	Speisepumpe
TDI	Turbodiesel Direct Injection
TEG	thermoelektrischer Generator
TFSI	Turbocharged Fuel Stratified Injection
UT	unterer Totpunkt
VA	Vorderachse
VDI	Verein Deutscher Ingenieure
VET	variabler elektrischer Turbolader
VMOT	Verbrennungsmotor
VTG	variable Turbinengeometrie
WEC	World Endurance Championship
WHP	Williams Hybrid Power
ZOT	Zünd-OT

Symbolverzeichnis

	Griechische Buchstaben	
α	Wärmeübertragungskoeffizient	W/m²K
α_{K}	Durchflussbeiwert	-
α_{Rest}	Durchflussbeiwert Restriktor	-
$\alpha_{\mathrm{Seebeck}}$	Seebeck Koeffizient	V/K
α_{St}	Steigungswinkel	°
α_{T}	Turbinendurchflussbeiwert	-
Δ	Delta/Differenz	-
δ_{ij}	Kronecker-Einheitstensor	-
η	Wirkungsgrad	-
κ	Adiabatenexponent	-
λ	Verbrennungsluftverhältnis	-
$\lambda_{\mathrm{a,LW}}$	Ausschiebegrad	-
$\lambda_{\mathrm{e,LW}}$	Einströmgrad	-
λ_{FG}	Fanggrad	-
λ_{LA}	Luftaufwand	-
λ_{LG}	Liefergrad	-
λ_{th}	thermische Leitfähigkeit	W/mK
μ	1. Zähigkeitskoeffizient	Ns/m²
ξ	2. Zähigkeitskoeffizient	Ns/m²
Π	Druckverhältnis	-
ρ	Dichte	kg/m³
σ_{el}	elektrische Leitfähigkeit	S/m
τ	Spannungstensor	N/mm²
φ	Kurbelwinkel	rad
χ_{RG}	Restgasgehalt	-
Ψ	Durchflussfunktion	-
ω	Winkelgeschwindigkeit	rad/s

	Indizes
0	Anfangszustand
1	Zustand 1
2	Zustand 2
22	Zustand nach Ladeluftkühler
3	Turbineneintritt
4	Turbinenaustritt
a	ausströmend
	außen
Abg	Abgas
AK	Abgaskrümmer
ans	Ansaugung
antr	Antrieb
ATL	Abgasturbolader
AWÜ	Abgaswärmeübertrager
B	Kraftstoff
Basis	Basisvariante
BOOST	Boostvorgang
Br	Brennraum
Bre	Bremse
c	Kompression
const	konstant
CU-H	Control Unit HERS (Leistungselektronik)
CU-K	Control Unit KERS (Leistungselektronik)
dyn	dynamisch
e	einströmend
eff	effektiv
el	elektrisch
ES	Energiespeicher
ETC	elektrisches Turbocompound-Verfahren
Fah	Fahrer
Fzg	Fahrzeug
ges	gesamt
h	Hub
HD	Hochdruck
i	Variable
	indiziert
IT	Isolé Terre
irr	irreversibel
is	isentrop
j	Variable

kin	kinetisch
Kon	Kondensator
krit	kritisch
Kühl	Kühlung
L	Luft
l	Leckage
LLK	Ladeluftkühler
LW	Ladungswechsel
m	mechanisch
max	maximal
MGU-H	Motor Generator Unit (HERS)
MGU-K	Motor Generator Unit (KERS)
n	Nutz
ref	Referenz
REKU	Rekuperationsvorgang
rel	relativ
Restr	Restriktor
rev	reversibel
rot	Rotation
s	statisch
SP	Speisepumpe
St	Steigung
Sys	System
T	Turbine
t	total
tats	tatsächlich
tech	technisch
TEG	thermoelektrischer Generator
th	thermisch
theo	theoretisch
U	Umgebung
u	Umfang
V	Verdichter
VG	Verbrennungsgas
verd	Verdampfung
Verl	Verlust
W	Wand
w	Widerstand
Z	Zylinder

	Lateinische Buchstaben	
A	Fläche	m^2
c	Absolutgeschwindigkeit	m/s
COP	Coefficient of Performance	-
c_p	spezifische Wärmekapazität	J/kgK
c_w	Luftwiderstandsbeiwert	-
d	Durchmesser	m
E	Energie	J
Ex	Exergie	J
f_i	äußere Kraftdichte	N/mm^3
f_r	Rollreibungsbeiwert	-
g	Erdbeschleunigung	m/s^2
H	Enthalpie	J
h	spezifische Enthalpie	J/kg
I	elektrische Stromstärke	A
I_x	polares Trägheitsmoment	kgm^2
i	Art des Brennverfahrens	-
j	spezifische Dissipation	J/kg
L_{min}	stöchiometrisches Luftverhältnis	-
M	Drehmoment	Nm
m	Masse	kg
n	Drehzahl	1/min
P	Leistung	W
p	Druck	bar abs
piH	Mitteldruck Hochdruckanteil	bar
piL	Ladungswechselmitteldruck	bar
Q	Wärme	J
q	spezifische Wärmeenergie	J/kg
R	allgemeine Gaskonstante	J/kgK
r	Radius	m
S	Laufzahl	-
	Entropie	J/K
s	spezifische Entropie	J/kgK
T	Temperatur	K
t	Zeit	s
U	elektrische Spannung	V
	innere Energie	J
$U10\%$	Heizverlauf 10% Umsatzpunkt	°KW
$U50\%$	Schwerpunklage des Heizverlaufs	°KW
$U90\%$	Heizverlauf 90% Umsatzpunkt	°KW

u	spezifische innere Energie	J/kg
	Umfangsgeschwindigkeit	m/s
V	Volumen	m^3
v	spezifisches Volumen	m^3/kg
W	Arbeit	J
w	spezifische Strömungsarbeit	J/kg
	Relativgeschwindigkeit	m/s
w_t	totale spezifische Strömungsarbeit	J/kg
x	Koordinate	m
z	Koordinate	m
ZT	Güteziffer	-

Kurzfassung

Aufgrund der Endlichkeit fossiler Energieressourcen sind effiziente Antriebe die Voraussetzung für die Mobilität der Zukunft. Um dieser Forderung gerecht zu werden, ist es notwendig, neue effizienzsteigernde Technologien zu entwickeln. Gerade der Rennsport bietet aufgrund seiner kurzen Entwicklungszyklen und der direkten Vergleichbarkeit unterschiedlicher Konzepte ein hervorragendes Umfeld, um einerseits neue Technologien zu untersuchen und andererseits deren Erfolg unter höchster Beanspruchung zu präsentieren. Deshalb wurde das Reglement im Langstreckenrennsport in den letzten Jahren kontinuierlich angepasst, sodass neue effizienzsteigernde Technologien zum Einsatz kommen können. Um einen Wettbewerbsvorteil zu erreichen, sind die Teilnehmer bestrebt, möglichst frühzeitig innovative Konzepte zu erarbeiten, um so langfristig erfolgreich zu sein. Diese Ausgangssituation ist die Basis für das hier bearbeitete Wissenschaftsprojekt, welches über die Hochschulinstitute Neckarsulm (HIN) zwischen dem Institut für Verbrennungsmotoren und Kraftfahrwesen der Universität Stuttgart (IVK) und der Audi AG durchgeführt wurde. Im Rahmen der Arbeit erfolgten zum einen die methodische Entwicklung eines Systems zur Abgasenergierückgewinnung im Rennsport und zum anderen die detaillierte Untersuchung des real ausgeführten Gesamtsystems. Zur methodischen Entwicklung wurden zunächst die spezifischen Anforderungen im Rennsport geklärt. Dabei erfolgte eine Analyse des technischen Reglements und des dynamischen Rennbetriebs anhand der World Endurance Championship (WEC) des Jahres 2012. Gerade die Abgasenergierückgewinnung ist eine Möglichkeit zur weiteren Effizienzsteigerung. Unter den Randbedingungen des R18 e-tron quattro, weist das elektrische Turbocompound-Verfahren die größten Potentiale auf. Durch die direkte Kopplung der elektrischen Maschine mit dem Turbolader besteht sowohl die Möglichkeit elektrische Energie aus der Abgasexergie zu rekuperieren als auch eine Unterstützung des Turboladers zum verbesserten Ladedruckaufbau zu erreichen. Über die durchgeführte Gesamtsimulation konnten die Sensitivitäten erarbeitet und erste Kenngrößen zur Optimierung eingeführt werden. Für die konstruktive Umsetzung der elektrischen Maschine mit dem Turbolader musste eine neuartige Hochdrehzahl-Motor-/Generatoreinheit entwickelt werden. Die Untersuchung des elektrischen Turbocompound-Verfahrens bildet den zweiten Teil der Arbeit. Dabei wurden sowohl die Einflüsse der Rekuperation (generatorischer Betrieb) als auch die elektrische Unterstützung (motorischer Betrieb) analysiert. Anhand der verschiedenen Messreihen konnten neben der erfolgreichen Erprobung des VET zusätzlich die Simulationsergebnisse am Prüfstand und auf der Rennstrecke verifiziert werden. Die abschließende differenzierte Ergebnisanalyse beinhaltet die Druckverlaufsanalyse, die Verlustteilung sowie die detaillierte Betrachtung der Energie- und Exergieflüsse des Turbocompound-Verfahrens.

Abstract

Ongoing development of drive train technologies that make efficient use of energy is a major factor in assuring the continuation of current levels of mobility. For this, sustainable use of finite energy resources and the reduction of pollutant emissions are necessary. Motor sport is a platform for demonstrating the successful use of new technologies. The short development cycles in race engine development and the high mechanical loads incurred during races are an excellent environment for the testing and presentation of new drive train technologies. Long-distance races, and in particular the 'FIA World Endurance Championship' series introduced in 2012, are a well-known platform for the development of prototypes and thus for vehicles incorporating technological innovations. In this WEC series, the event with the most distinguished tradition is the 24-hour race of Le Mans.

In recent years, the organisers and competitors paved the way for efficiency-boosting systems in this race series. The aim is to promote technological transfer to series-production vehicle development and in this way to secure the public appeal and benefit of long-distance motor racing in the long term as well. With this in mind, significant changes to the regulations were made. If participants can expect to be successful in the future, they must respond to changes in the peripheral conditions of the technical regulations and introduce innovative systems on their race cars that have the effect of enhancing efficiency. This calls for a fundamental examination of all practicable concepts for increasing engine efficiency, so that their potentials can be compared.

In view of the specific boundary conditions applicable in motor sport, significant differences arise in the requirements that race cars and series-production cars must satisfy. Individual examination is therefore needed in order to establish the basic design ratings of suitable efficiency-enhancing systems in motor sport. This was the background against which the scientific project described here was undertaken by way of the HIN (Hochschulinstitute Neckarsulm) academic cooperation between the Institute of Combustion Engines and Automotive Engineering (IVK) of the University of Stuttgart and Audi AG. Its aim is the methodical compilation of a system for increasing the efficiency of the vehicle's engine within the driveline. In the course of this work, specific peripheral motor racing conditions were first identified and analysed. With this as a basis, possible systems for increasing the efficiency of the vehicle's driveline were described. To permit comparisons between the potential of these concepts, suitable evaluation criteria are defined, with the aid of which various simulation tools are used to identify and determine the potential of the most promising systems.

1 Motivation und Zielsetzung

Die kontinuierliche Weiterentwicklung energetisch effizienter Antriebstechnologien ist ein wesentlicher Bestandteil, um die individuelle Mobilität der Gegenwart weiterhin gewährleisten zu können. Der nachhaltige Umgang mit den fossilen Energieressourcen sowie die Verringerung der Schadstoffemissionen sind hierfür notwendig. Eine Plattform, in der neue Technologien ihren erfolgreichen Einsatz unter Beweis stellen können, ist der Motorsport. Die kurzen Entwicklungszyklen innerhalb der Rennmotorenentwicklung und die hohe mechanische Beanspruchung während des Renneinsatzes bilden ein hervorragendes Umfeld für die Erprobung und Präsentation neuer Antriebstechnologien. Insbesondere der Langstreckenrennsport mit der seit 2012 gegründeten „FIA World Endurance Championship (WEC)“, welche von der Fédération Internationale de l'Automobile (FIA) und dem Automobile Club de l'Ouest (ACO) veranstaltet wird, ist unter den Motorsportrennserien als eine besondere Entwicklungsbühne für Prototypen und deren Funktion als Technologieträger bekannt. Das traditionsreichste Rennen dieser WEC ist das 24 Stunden Rennen von Le Mans.

In den letzten Jahren wurden durch die Veranstalter und Wettbewerber die Weichen für effizienzsteigernde Systeme in dieser Rennserie gestellt, um die Attraktivität des Langstreckenrennsports auch langfristig sicherzustellen. Ausgemachtes Ziel ist, den Technologietransfer in die Serienentwicklung zu fördern. Hierfür wurden wesentliche Änderungen im Reglement vorgenommen. Um siegfähig zu sein, ist es für die Teilnehmer erforderlich auf die geänderten Randbedingungen des Reglements zu reagieren und innovative, hocheffiziente Systeme in ihre Rennfahrzeuge zu implementieren. Hierzu ist eine grundlegende Betrachtung aller möglichen Systeme zur motorischen Effizienzsteigerung notwendig, sodass deren Potential aufgezeigt werden kann.

Aufgrund der motorsportspezifischen Randbedingungen ergeben sich zwischen Renn- und Serienfahrzeugen wesentliche Unterschiede innerhalb ihrer Anforderungen. Somit ist für die Grundauslegung geeigneter Systeme zur Effizienzsteigerung im Rennsport eine gesonderte Betrachtung erforderlich. Vor diesem Hintergrund entstand das hier vorgestellte Wissenschaftsprojekt über die Hochschulinstitute Neckarsulm (HIN) zwischen dem Institut für Verbrennungsmotoren und Kraftfahrwesen der Universität Stuttgart (IVK) und der Audi AG.

Ziel der Arbeit ist zum einen die methodische Entwicklung eines Systems zur Abgasenergierückgewinnung und zum anderen die thermodynamische Untersuchung des Zielsystems, um die Potentiale für die Anwendung im Rennsport ausweisen zu können.

Die methodische Entwicklung erfolgt im ersten Teil der Arbeit. Sie ist in Anlehnung an die VDI-Richtlinie 2221 und 2222 gegliedert [99,100,101]. Dabei werden zunächst die motorsportspezifischen Randbedingungen aufgezeigt und analysiert. Darauf basierend werden mögliche Systeme zur energetischen Effizienzsteigerung des Fahrzeugantriebs sowie der Stand der Technik vorgestellt. Für den Potentialvergleich der verschiedenen Konzepte erfolgt die Definition geeigneter Bewertungskriterien. Anhand derer werden anschließend unter Zuhilfenahme der Simulationswerkzeuge Matlab und GT-Suite die Identifizierung sowie die Potentiale des erfolgversprechendsten Systems ausgewiesen. Die technische Umsetzung des Zielsystems wird beschrieben und der Versuchsaufbau für die Vermessung der entwickelten Komponenten durchgeführt.

Der zweite Teil der Arbeit beinhaltet die Analyse der Versuchsergebnisse. Hier wird eine detaillierte Betrachtung für die beiden Teilsysteme, bestehend aus Verbrennungsmotor und Abgasenergierückgewinnungssystem, durchgeführt. Anhand der Versuchsergebnisse wird das Simulationsmodell validiert und das Gesamtpotential ausgewiesen. Zur Darstellung des Gesamtpotentials auf der Rennstrecke wird ein Prototypenfahrzeug aufgebaut. Abschließend erfolgt die differenzierte Ergebnisdarstellung, welche die Druckverlaufsanalyse, die Verlustteilung sowie die Energie- und Exergiebilanz beinhaltet.

2 Untersuchung der motorsportspezifischen Randbedingungen

Basis dieser Arbeit ist die FIA WEC, deren technische Randbedingungen, im direkten Vergleich zur Formel 1, wesentlich serienrelevanter sind. Dennoch ergeben sich gegenüber der Serienanwendung andere Anforderungen bezüglich Leistungsgewicht, Belastung, Haltbarkeit und Kosten. Zusätzlich sind weitere Randbedingungen durch die Rennstrecke (Fahrzyklus) und das Reglement relevant, **Abbildung 2.1**. Der Kostendruck ist in der Rennsportanwendung im Vergleich zur Serienanwendung aufgrund der geringen Stückzahl wesentlich geringer. Hierdurch ergibt sich die Möglichkeit hochwertige Materialien sowie neuartige Systeme einzubauen.

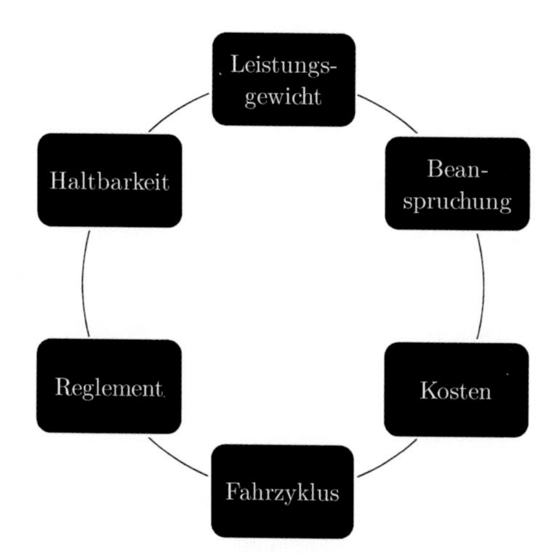

Abbildung 2.1: Motorsportspezifische Anforderungen

Für ein 24 Stunden Rennen ist eine Mindesthaltbarkeit von 36 Stunden das Entwicklungsziel, um mit ausreichender Sicherheit das Rennen erfolgreich zu beenden. Vergleicht man dies mit der Einsatzdauer eines Serienfahrzeugs, so ist dieser Wert sehr gering. Dennoch ist die Beanspruchung eines Rennfahrzeugs enorm. Abhängig vom Streckenprofil, dem Fahrer und der Fahrsituation wird das Fahrzeug mit vielfacher Erdbeschleunigung belastet. Das Leistungsgewicht muss optimal sein, um siegfähig zu sein. Abhängig von der Rennstrecke ergibt sich ein spezifischer Fahrzyklus. Dieser unterscheidet sich wesentlich von dem eines Serienfahrzeugs, sodass hier eine detaillierte Betrachtung notwendig ist. Zusätzlich bildet das technische Reglement die Grundlage für die Entwicklung der Fahrzeuge. Deshalb wird im Weiteren das technische Reglement und die Daten der schnellsten Runde des 24 Stunden Rennens von Le Mans aus dem Jahr 2012 analysiert.

2.1 Reglement der FIA WEC für die Saison 2012

Für die Straßenzulassung von Kraftfahrzeugen ist es erforderlich, dass diese den länderspezifischen Gesetzmäßigkeiten entsprechen. Im direkten Vergleich ist bei Rennfahrzeugen eine Reglementkonformität sowie die Homologation der Fahrzeuge nach dieser Richtlinie notwendig. In dieser Arbeit ist das technische Reglement der FIA-Langstrecken-Weltmeisterschaft für das Jahr 2012 zugrunde gelegt. Ziel der Veranstalter (FIA & ACO) ist es, ein möglichst hohes Maß an neuen Technologien zuzulassen [35]. Gleichzeitig müssen verschiedene Aspekte bezüglich Sicherheit, Kosten, Wettbewerbsfähigkeit der verschiedenen Fahrzeugkonzepte und das Interesse der Zuschauer berücksichtigt werden. Deshalb sind im technischen Reglement, welches vom Veranstalter herausgegeben wird, die wesentlichen Randbedingungen festgelegt. Das Reglement selbst unterliegt einer stetigen Überarbeitung und Fortentwicklung. In den letzten Jahren trat auch im Rennsport verstärkt das Bewusstsein des nachhaltigen Umgangs mit energetischen Ressourcen in den Vordergrund. Hieraus ergibt sich, dass seit dem Jahr 2011 eine Hybridisierung sowie Energierückgewinnungssysteme reglementseitig zulässig sind. Im Reglement werden die motorspezifischen Randbedingungen mittels einer luftmengenbasierten Leistungsbeschränkung definiert, **Tabelle 2.1**. Der Luftmengenrestriktor limitiert die dem Motor maximal zuführbare Luftmenge und somit die Maximalleistung. Um die Wettbewerbsfähigkeit der möglichen Motorkonzepte untereinander sicherzustellen, werden unterschiedliche Durchmesser der Restriktoren für das jeweilige Konzept in Abhängigkeit von Otto-/Dieselbrennverfahren, Hubraum und Ladedruck vorgegeben. Zusätzlich zum Luftmengenrestriktor erfolgt über den maximal zulässigen Ladedruck, in Verbindung mit der jeweiligen Hubraumklasse, die Drehmomentbegrenzung.

Aufgrund der Weiterentwicklung der Fahrzeuge werden diese stetig schneller. Durch die damit verbundenen höheren Geschwindigkeiten steigt das Gefahrenpotential. Um das hierdurch verursachte Risiko zu minimieren, werden deshalb die Restriktionen der Motorleistung bei der Reglementneuerstellung immer weiter verschärft.

Tabelle 2.1: Luftmassenrestriktor und Ladedruckbegrenzung für aufgeladenen LMP1 Fahrzeuge in Abhängigkeit des Hubraums (2012) [4]

	Hubraum [l]		Restriktordurchmesser [mm]		max. Ladedruck [bar abs]
			Anzahl der Restriktoren		
	über	bis zu	1	2	
Ottomotor aufgeladen		1,4	42,9	30,3	3,6
	1,4	1,6	42,9	30,3	3,1
	1,6	1,8	42,9	30,3	2,8
	1,8	2,0	42,9	30,3	2,5
Dieselmotor aufgeladen		3,7	45,8	32,4	2,8

Bezüglich der Implementierung einer Technologie zur Energierückgewinnung ist das Ziel der Veranstalter, den Wettbewerbern einen möglichst großen Freiheitsgrad zu ermöglichen. Neben Systemen zur Rekuperation der kinetischen Bremsenergie (KERS), wie aus der Formel 1 bekannt, sind zusätzliche Systeme zur Rekuperation der Abgasenergie zulässig, deren Verwendung in Absatz 1.13 des Regelwerks beschrieben wird [35].

Energierückgewinnungssysteme sind zulässig, solange sie die aufgeführten Regeln erfüllen:

- Die Rückgewinnung und Einspeisung der Bremsenergie darf nur an der Vorderachse oder nur an der Hinterachse erfolgen.
- Bezüglich der Bremsenergierückgewinnung sind nur elektrische Systeme und mechanische oder elektromechanische Schwungmassenspeicher zulässig.
- Energierückgewinnung durch die Abgasenergie ist möglich.
- Das Mindestgewicht des Gesamtfahrzeugs beträgt entsprechend eines konventionell angetriebenen LMP1 Rennfahrzeugs 900 kg.
- Die maximal mitgeführte Kraftstoffmenge beträgt 73 l Benzin bzw. 58 l Diesel, dies entspricht jeweils 2 l weniger Kraftstoff im Vergleich zu einem konventionellen Antrieb ohne ERS (Energy Recovery System).
- Der Verbrennungsmotor und der Elektromotor müssen über das Gaspedal angesteuert werden. (Kein „push to pass button“ erlaubt)
- Die eingesetzte Energie zwischen zwei Bremsvorgängen darf die Energiemenge von 0,5 MJ nicht überschreiten. Bremsvorgänge unter einer Sekunde oder einer geringeren Verzögerung als 2 g werden nicht berücksichtigt.

- Die Stromstärke, Spannung und der Zeitpunkt des Ladens beziehungsweise Entladens werden zwischen dem Speichersystem und dem Inverter kontinuierlich aufgezeichnet.
- Für Schwungmassenspeicher werden entsprechende Sensoren definiert.
- Das Fahrzeug wird mit Sensoren, welche die Betätigung der Bremsen und die Radgeschwindigkeit aufzeichnen, ausgestattet.
- Befolgung der festgelegten Sicherheitsrichtlinien ist vorgeschrieben.

Die angegebenen Richtlinien zielen offensichtlich stark auf ein kinetisches Energierückgewinnungssystem ab. Insbesondere die Regelung, dass zwischen zwei Bremsphasen eine maximale Energiemenge von 0,5 MJ freigegeben werden darf, scheint im Kontext zu einem kinetischen Energierückgewinnungssystem zu stehen. Es ist zu klären, ob andere Systeme, welche sonst ungenutzte Energie zur Effizienzsteigerung nutzen, zusätzlich Energie freigeben dürfen.

Für die Rennsaison im Jahr 2014 sind wesentliche Änderungen im Reglement umgesetzt. Dabei wird die Leistung des Verbrennungsmotors nicht mehr über einen Luftmassenbegrenzer limitiert, sondern der maximal zulässige Kraftstoffmassendurchsatz definiert. Dies hat zur Folge, dass der energieeffizienteste Antrieb in seiner jeweiligen ERS-Klasse gleichzeitig der leistungsstärkste ist und somit die Effizienzsteigerung weiter in den Vordergrund rückt, um wettbewerbsfähig zu sein.

2.2 Technische Daten des Audi R18 e-tron quattro für die Saison 2012

Als Basis der Untersuchungen dient der Antrieb des LMP1-Fahrzeugs von Audi Sport, welcher entsprechend des Reglements der FIA-Langstrecken-Weltmeisterschaft für das Jahr 2012 ausgelegt ist, siehe **Tabelle 2.2**.

Tabelle 2.2: Technische Daten des Audi R18 e-tron quattro (2012) [4]

	Fahrzeug
Fahrzeugtyp:	Le Mans-Prototyp (LMP1)
Monocoque:	Verbundfaserkonstruktion aus Carbonfasern mit Aluminiumwabenkern, getestet nach den FIA-Crash- und Sicherheitsstandards
Batterie:	Lithium-Ionen-Batterie (Bordnetz)
	Motor
Motor:	V6-Motor mit Turboaufladung, 120-Grad-Zylinderwinkel, 4 Ventile pro Zylinder, DOHC, 1 Honeywell-Turbolader mit VTG, reglementbedingte Luftmengenbegrenzung auf 1 x 45,8 mm und Ladedruckbegrenzung auf 2,8 bar absolut, Dieseldirekteinspritzung „TDI“, Aluminium-Zylinderkurbelgehäuse voll tragend, Dieselpartikelfilter
Motormanagement:	Bosch MS24
Motorschmierung:	Trockensumpf, Castrol
Hubraum:	3,7 l
Leistung:	über 375 kW
Drehmoment:	über 850 Nm
	Hybridsystem
Speicherart:	elektrischer Schwungradspeicher WHP, max. 0,5 MJ
Motor-Generator-Einheit (MGU)	MGU an der Vorderachse, wassergekühlt mit integrierter Leistungselektronik, 2 x 75 kW
	Antrieb/ Kraftübertragung
Antriebsart:	Heckantrieb, Traktionskontrolle (ASR), Allradantrieb e-tron quattro ab 120 km/h
Kupplung:	CFK-Kupplung
Getriebe:	sequenzielles, elektrisch betätigtes 6-Gang-Sportgetriebe
Differenzial:	Sperrdifferenzial hinten
Getriebegehäuse	CFK mit Titan-Inserts
Antriebswellen	Gleichlauf-Tripode-Verschiebegelenkwellen
	Fahrwerk/ Lenkung/ Bremse
Lenkung:	elektrounterstützte Zahnstangenlenkung
Fahrwerk:	vorne und hinten Einzelradaufhängung an Doppelquerlenkern, Pushrod-System an VA und Pullrod-System an HA mit einstellbaren Stoßdämpfern

Bremsen:	hydraulische Zweikreisbremsanlage, Monoblock-Leichtmetall-Bremssättel, belüftete Kohlefaser-Bremsscheiben vorn und hinten, Bremskraftverteilung vom Fahrer stufenlos einstellbar
Felgen:	O.Z. Schmiedefelgen aus Magnesium (18 Zoll)
Reifen:	Michelin Radial, vorne: 360/710-18, hinten: 370/710-18
	Gewichte/ Abmessungen
Länge:	4650 mm
Breite:	2000 mm
Höhe:	1030 mm
Startgewicht:	900 kg
Tankinhalt:	58 l

2.3 Betriebszustände und Rennrundenanalyse

Das wichtigste Rennen innerhalb der Langstreckenweltmeisterschaft ist das 24 Stunden Rennen von Le Mans. Der dabei durchfahrene Rundkurs ist in **Abbildung 2.2** dargestellt. Er hat eine Länge von 13,629 km und befindet sich am Rande der französischen Stadt Le Mans.

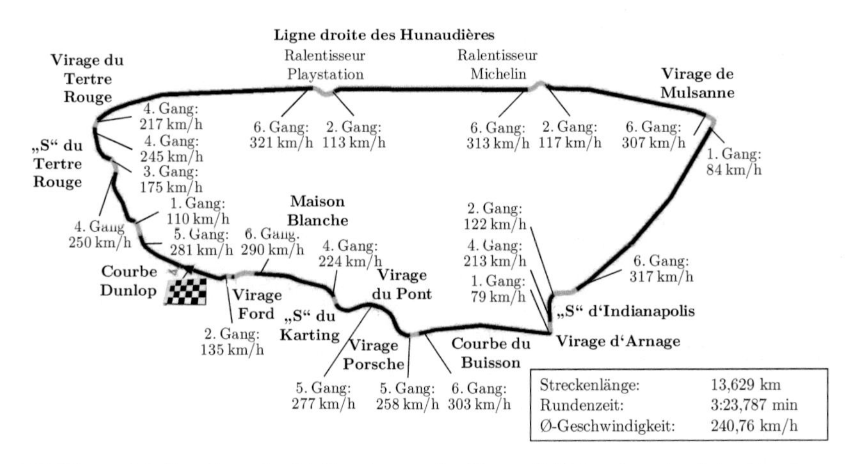

Abbildung 2.2: Rundkurs der 24 Stunden von Le Mans mit Daten der schnellsten Runde *(Le Mans 2012)*

Die Rennstrecke besteht zum größten Teil aus öffentlichen Straßen, welche für das Rennen abgesperrt werden. Bezeichnend hierfür sind die langen Geraden vor der

Virage de Mulsanne sowie die lange Gerade vor dem Indianapolis „S". Seit 1923 ist Le Mans Austragungsort eines der weltweit bekanntesten Rennsportereignisse. Aufgrund dieser Tatsache sind alle Teilnehmer besonders bestrebt, die 24 Stunden von Le Mans zu gewinnen. Deshalb wird in dieser Arbeit der Fahrzyklus von Le Mans analysiert und zugrunde gelegt. Als Basis der Rennrundenanalyse dient die schnellste Runde des Jahres 2012, welche während des Qualifyings von André Lotterer im Audi R18 e-tron quattro mit der Startnummer 1 gefahren wurde. Die Höchstgeschwindigkeit von 321 km/h wird vor der ersten Schikane auf der Hunaudières Geraden erreicht. Im Gegensatz hierzu ist der Abschnitt mit der geringsten Geschwindigkeit auf der Rennstrecke die Virage d'Arnage. Dort beträgt die Minimalgeschwindigkeit 79 km/h. Es ergab sich während dieser Runde eine Durchschnittsgeschwindigkeit von über 240 km/h.

Aufgrund der langen Geraden in Kombination mit den engen Kurven entsteht ein enorm dynamischer Betrieb des Motors mit einem zeitlichen Volllastanteil von über 74% und einem Schubanteil von ca. 15% über die Rennrunde, siehe **Abbildung 2.3**. Im Gegensatz zum Neuen Europäischen Fahrzyklus (NEFZ), mit einer Durchschnittsgeschwindigkeit von ca. 34 km/h, sind im regulären Rennbetrieb die Teillastbetriebspunkte nahezu irrelevant. Betriebspunkte in denen sich der Verbrennungsmotor in der Teillast befindet, treten lediglich während Schaltvorgängen und beim Herausbeschleunigen aus langsamen Kurven, bei denen die Maximalleistung des Verbrennungsmotors aufgrund von Reifenschlupf nicht auf die Rennstrecke übertragen werden kann, auf.

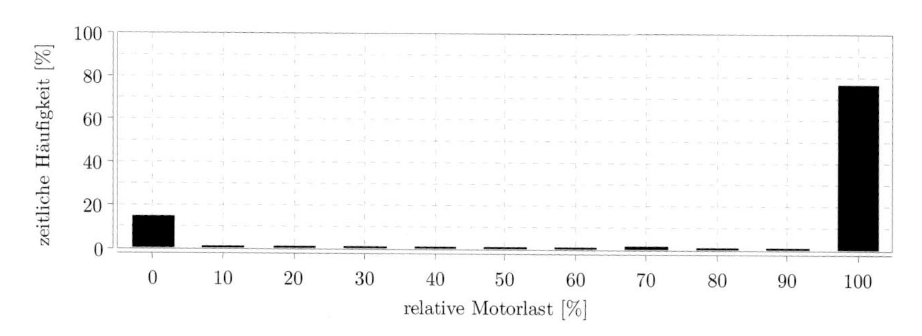

Abbildung 2.3: Häufigkeitsverteilung der relativen Motorlast bezogen auf die Rundenzeit während der schnellsten Runde *(Le Mans 2012)*

Der sich dabei ergebende Geschwindigkeitsverlauf des Rennfahrzeugs wird in **Abbildung 2.4** in Verbindung mit der relativen Motorlast und der Motordrehzahl sowie der gemessenen Abgastemperatur vor der Turbine des Turboladers dargestellt. Diese Abbildung spiegelt nur einen sehr geringen Teil der Messgrößen, welche in Echtzeit über die Telemetrie dem Ingenieur während des Rennens zur Überwachung des Fahrzeugs zur Verfügung gestellt werden, wider. Darin ist das periodische Beschleunigen und Abbremsen aufgrund der Streckencharakteristik ersichtlich. Während der Beschleunigungsphase beträgt die relative Last des Verbrennungsmotors nahezu konstant 100%. Die relative Motorlast entspricht der tatsächlich vom Verbrennungsmotor abgerufenen Last. Durch die Anti-Schlupf-Regulierung (ASR) und eine Limitierung des minimalen Luft-/Kraftstoffverhältnisses weicht die relative Motorlast geringfügig von der Lastanforderung des Fahrers ab. Insbesondere während der Schubphasen werden kurze Teillastanforderungen ersichtlich. Diese ergeben sich aufgrund der Schaltvorgänge, welche zur Synchronisierung des Getriebes eine kurze Lastanforderung an den Verbrennungsmotor stellen. In der Darstellung ist zusätzlich das ungefilterte Motordrehzahlsignal dargestellt. Der relevante Drehzahlbereich während der Beschleunigungsphase hat eine Spreizung von etwa 600 1/min, um die Maximalleistung möglichst ideal ausnutzen zu können. Dieser Drehzahlbereich ergibt sich aufgrund der Luftmengenbegrenzung. Die Motordrehzahl, bei der diese Luftmengenbegrenzung erreicht wird, hängt im Wesentlichen von den Faktoren

- Hubraum des Verbrennungsmotors,
- maximaler Ladedruck,
- Ladelufttemperatur nach Ladeluftkühler,
- Luftaufwand des Verbrennungsmotors,
- Durchmesser des Luftmengenrestriktors,
- Luftdruck vor Luftmengenrestriktor und
- Lufttemperatur vor Luftmengenrestriktor

ab. Aufgrund des dynamischen Druckanteils vor dem Restriktor steigt die maximale Luftmasse, welche dem Verbrennungsmotor zugeführt wird, mit der Fahrzeuggeschwindigkeit.

Während des Rennbetriebs wird die Abgastemperatur vor der Turbine des Abgasturboladers überwacht. Dieses Signal ist im unteren Bereich der Darstellung zu erkennen. Die gemessenen Temperaturen von bis zu 900 °C lassen auf eine hohe Abgasenergie schließen. Im Rennbetrieb wird ein Thermoelement mit einem Durchmesser von 3 mm verwendet, welches sowohl der thermischen als auch der mechanischen Beanspruchung standhält. Nachteilig zeigt sich die hohe thermische Masse dieses Thermoelements, sodass das Signal aufgrund seiner Trägheit nicht die reale Gastemperatur widerspiegelt. In Abschnitt 4.2 wird auf dieses Phänomen genauer eingegangen.

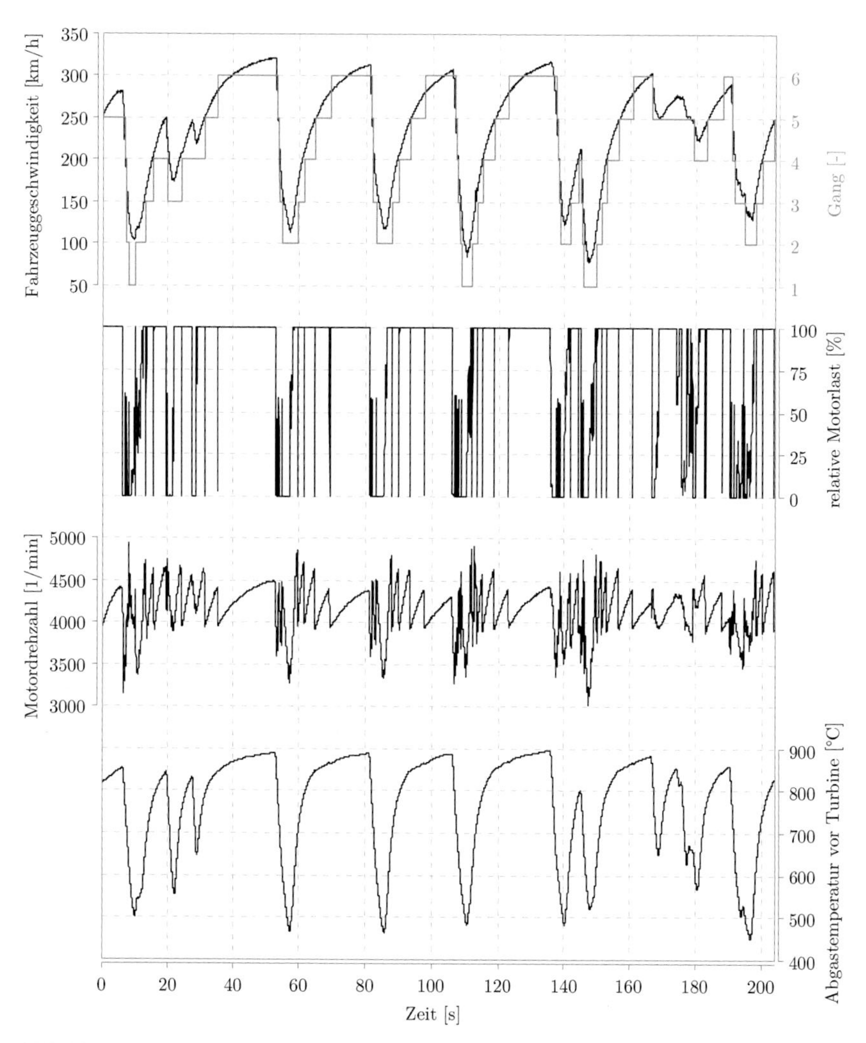

Abbildung 2.4: Betriebszustände des R18 e-tron quattro während der schnellsten Runde (*Le Mans 2012*)

3 Systeme zur Energierekuperation in der Rennsportanwendung; Stand der Technik

In einem Langstreckenrennen ist nicht nur die Leistungsfähigkeit, sondern auch die Effizienz der Fahrzeuge seit jeher von besonderer Bedeutung. Dieser Sachverhalt ergibt sich aufgrund der durch das Reglement begrenzten Kapazität des Kraftstofftanks und des mitzuführenden Gewichts durch den Kraftstoff. Zusätzlich ist im Reglement die maximale Durchflussgeschwindigkeit bei den Wiederbefüllvorgängen des Kraftstofftanks begrenzt. Ein energieeffizienter Motor vergrößert die Reichweite mit einer gegebenen Menge Kraftstoff. Dadurch wird die Anzahl der Tankstopps reduziert, was wiederum zu einer größeren Distanz führt, die innerhalb der 24 Stunden gefahren werden kann.

Im Jahr 2001 gelang der Audi AG mit einem 3,6 l V8 Ottomotor eine Kraftstoffverbrauchsreduktion von 8-10% im Vergleich zum Vorjahresmodell auf der Rennstrecke von Le Mans. Die Variante mit Saugrohreinspritzung (MPI) erreichte mit einem 90 l Tank eine Reichweite von 12 Runden. Durch die Einführung der Benzin-Direkteinspritzung wurde eine Reichweite von 13 Runden möglich. Die Schlüsseltechnologie für diese Reduktion und den Erfolg des Rennfahrzeugs war die Kombination aus Turboaufladung und Direkteinspritzung [8,9,64]. Unter der Bezeichnung „TFSI" fand diese Technologie den Einzug in die Serienfahrzeuge der Audi AG.

Ein weiterer Meilenstein in der Effizienzsteigerung von Langstreckenfahrzeugen konnte im Jahr 2006 erreicht werden. Damals siegte zum ersten Mal ein Dieselfahrzeug in Le Mans. Seitdem wurden wesentliche Fortschritte vor allem in der Brennverfahrensentwicklung durch Steigerung des Einspritzdrucks, Verbesserung der Gemischbildung und Verkürzung der Brenndauer erreicht. Aber auch die Optimierung des Ladungswechsels sowie die Reduktion der Reibleistung in Verbindung mit der Erhöhung des Einzelhubvolumens führten zu einer weiteren Effizienzsteigerung. Die Kombination dieser Verbesserungen führt dazu, dass die im Rahmen der Arbeit untersuchte Variante des Dieselmotors aus dem Jahre 2012 (Audi R18) im Vergleich zu dem Zehnzylindermotor aus dem Jahr 2009 (Audi R15) einen um ca. 8% und zu dem Zwölfzylindermotor aus dem Jahre 2006 (Audi R10) einen über 20% geringeren Kraftstoffverbrauch erzielt, **Abbildung 3.1**.

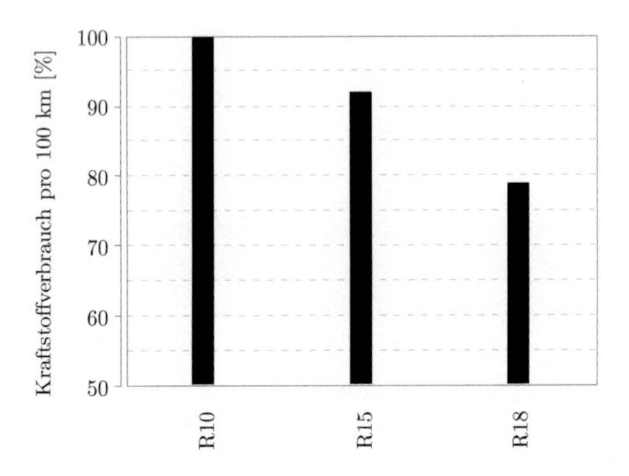

Abbildung 3.1: Kraftstoffverbrauchsverbesserung der Le Mans Dieselmotoren [10] *(2006-2012)*

Aufgrund der erheblichen Verbrauchsvorteile des Dieselmotors erfolgte eine Anpassung des maximal zulässigen Tankvolumens im technischen Reglement durch den Veranstalter. Diese Reduktion des Tankvolumens ist in **Abbildung 3.2** (a) dargestellt. Seit 2010 ist das Tankvolumen ausgehend von 81 l um nahezu 30% auf nur noch 58 l (2012) für ein Fahrzeug mit einem Dieselhybrid-Antriebsstrang verringert. Trotz der Reduktion des Tankvolumens ist aus **Abbildung 3.2** (b) ersichtlich, dass die auf der Rennstrecke von Le Mans gefahrene Rundenanzahl pro Tankfüllung nahezu konstant geblieben ist. Nur durch die Effizienzsteigerung des Gesamtfahrzeugs ist dieses Ergebnis möglich.

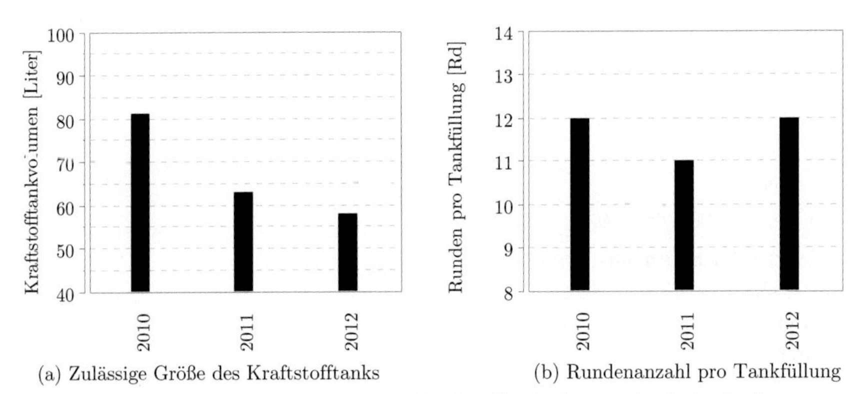

(a) Zulässige Größe des Kraftstofftanks (b) Rundenanzahl pro Tankfüllung

Abbildung 3.2: Reduktion des maximalen Kraftstofftankvolumens durch das Reglement und damit in Le Mans zurückgelegte Rennrunden *(2010-2012)*

Seit dem Jahr 2011 ist eine Hybridisierung des Antriebstrangs reglementseitig zulässig, sodass nicht nur die Effizienzsteigerung des konventionellen Verbrennungsmotors relevant ist, sondern auch ungenutzte Energie zusätzlich rekuperiert werden darf [35].

Anhand des rennsportspezifischen Geschwindigkeits- und Lastprofils aus Abschnitt 2.3 ergeben sich zwei zentrale Ansätze zur Energierekuperation:

- Bremsenergierückgewinnung/ Kinetic energy recovery system (KERS)
- Abgasenergierückgewinnung/ Heat energy recovery system (HERS).

Im Jahr 2012 konnte die Audi AG mit einem Fahrzeug, welches zusätzlich zu dem konventionellen Dieselmotor mit einer elektrischen Motor-/Generatoreinheit zur Bremsenergierückgewinnung ausgestattet ist, den ersten Sieg eines Hybridfahrzeugs in Le Mans feiern. Durch die Kombination dieser beiden Antriebskonzepte hat somit die Hybridisierung im Rennsport erfolgreich Einzug gehalten. Die Energiegewinnung aus dem Abgas hat sich im Langstreckenrennsport noch nicht etabliert. Im Rahmen dieser Arbeit wird deshalb das Potential der Abgasenergierückgewinnung wissenschaftlich untersucht. Zur Einordnung dieser Systeme wird im folgenden Abschnitt zunächst auf die Bremsenergierückgewinnung eingegangen.

3.1 Bremsenergierückgewinnung

Aufgrund des typischen Rundstreckenprofils in Le Mans, welches sich aus engen Kurven mit langsamen Geschwindigkeiten und langen Geraden, in denen hohe Geschwindigkeiten gefahren werden, zusammensetzt, ergeben sich hohe Beschleunigungs- sowie Bremsleistungen. Bei konventionellen Fahrzeugen wird die kinetische Energie des Fahrzeugs über die Bremsscheiben durch Reibung in thermische Energie gewandelt. Ziel der kinetischen Bremsenergierückgewinnung ist es, einen Teil dieser Bremsleistung wieder für die Beschleunigung der Fahrzeuge nutzen zu können. In der Formel 1 sind solche Systeme seit 2009 reglementseitig zulässig und unter dem Begriff „Kinetic Energy Recovery System“ (KERS) bekannt. Im Langstreckenrennsport wurde erstmals im Jahre 1993 ein Hybridfahrzeug in serieller Anordnung untersucht, welches die Möglichkeit zur Bremsenergierückgewinnung hatte [32].

Aber auch für Serienfahrzeuge gewinnt die Kombination aus Verbrennungsmotor und elektrischem Antrieb immer mehr an Bedeutung. Die so erreichte Hybridisierung des Antriebsstranges bietet dort den Vorteil, dass neben der Bremsenergierückgewinnung zusätzlich eine Lastpunktverschiebung des Verbrennungsmotors ermöglicht wird. Je nach Betriebsstrategie kann ein Optimum aus Kraftstoffverbrauch und Emissionsreduzierung gefunden werden. Über die sogenannte Phlegmatisierung des Dieselmotors im Hybridverbund ergibt sich ein Verbrauchsvorteil von über 10% im NEFZ [5].

3.1.1 Grundlagen

Bei konventionellen Fahrzeugen dissipiert die kinetische Energie des Fahrzeugs beim Bremsvorgang. Durch die Bremsenergierückgewinnung kann je nach Konzept ein Teil dieser Energie zurückgewonnen werden.

Die **kinetische Bremsenergie** E_{Kin} lässt sich anhand der Gleichung

$$E_{\mathrm{kin}}=\frac{(m_{\mathrm{Fzg}}+m_{\mathrm{Fah}}+m_{\mathrm{B}})}{2}({c_{\mathrm{Fzg1}}}^{2}-{c_{\mathrm{Fzg2}}}^{2}) \tag{3.1}$$

über die Fahrzeugmasse m_{Fzg}, dem Gewicht des Fahrers m_{Fah}, der Kraftstoffmasse m_{B} und der Fahrzeuggeschwindigkeiten vor c_{Fzg1} und nach c_{Fzg2} der Bremsphase bestimmen. Aufgrund der hohen Geschwindigkeit dominiert der Luftwiderstand, der sich über den Strömungswiderstandkoeffizienten c_{w} und die Fahrzeugquerschnittsfläche A_x bestimmen lässt, die Fahrwiderstandsleistung P_{w}

$$P_{\mathrm{w}}=c_{\mathrm{Fzg}}\left[(f_{\mathrm{r}}\cos\alpha_{\mathrm{St}}+\sin\alpha_{\mathrm{St}})(m_{\mathrm{Fzg}}+m_{\mathrm{Fah}}+m_{\mathrm{B}})g+\frac{\rho_{\mathrm{L}}}{2}c_{\mathrm{w}}A_{\mathrm{eff}}{c_{\mathrm{rel}}}^{2}\right]. \tag{3.2}$$

Ein Teil der Bremsenergie dient zum Überwinden dieser Fahrwiderstandsleistung. Somit ist die Bremsleistung P_{Bre} anhand von

$$P_{\mathrm{Bre}}=\frac{dE_{\mathrm{kin}}}{dt}-P_{\mathrm{w}} \tag{3.3}$$

zu berechnen. In **Abbildung 3.3** wird deutlich, dass in den Bremsphasen sehr große Energiemengen zur Verfügung stehen. Aufgrund der enorm hohen Bremsleistung sind die Fahrwiderstände während des Bremsvorgangs untergeordnet, sodass in dieser Darstellung nur der erste Term aus Gleichung (3.3) dargestellt ist. Die höchste Bremsleistung wird beim Bremsvorgang vor der ersten Schikane auf der Hunaudières Geraden erreicht. Bei der Betrachtung der Darstellung wird deutlich, dass dies die Stelle ist, an der die Höchstgeschwindigkeit erreicht wird. Die Gesamtbremsleistung teilt sich auf Vorder- und Hinterachse auf.

Aufgrund der dynamischen Achslastverteilung wird der größere Teil dieser Leistung über die Vorderräder abgebremst, sodass die Vorderachse im Hinblick auf die Fahrdynamik die größeren Potentiale zur Bremsenergierückgewinnung liefert.

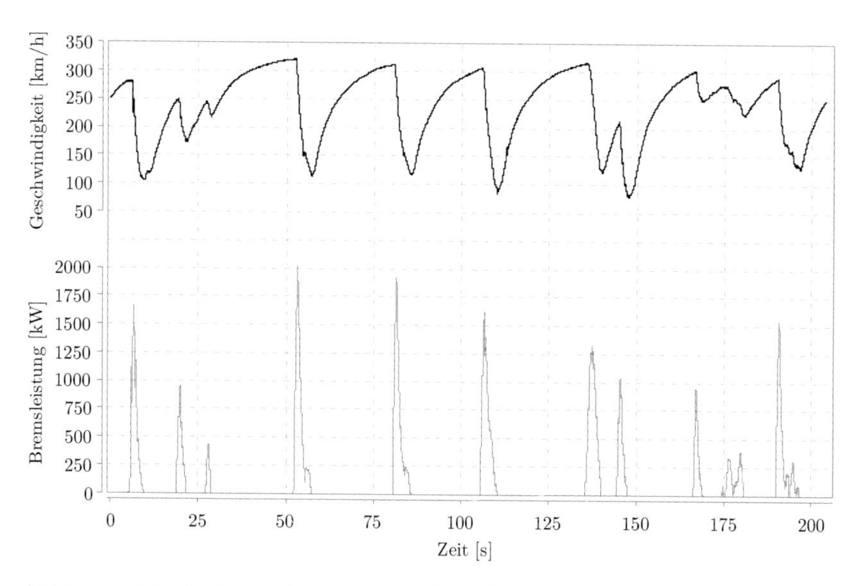

Abbildung 3.3: Geschwindigkeitsverlauf und Bremsleistung während der schnellsten Runde *(Le Mans 2012)*

In **Abbildung 3.4** ist ein im Rennbetrieb typisch auftretender Bremsvorgang schematisch dargestellt. Es zeigt sich, dass die Bremsphasen zeitlich wesentlich kürzer sind als die Beschleunigungsphasen. Um ein möglichst hohes Maß an Energie nutzen zu können, werden deshalb während des Bremsvorgangs bei einem elektrischen KERS äußerst leistungsstarke elektrische Maschinen benötigt.

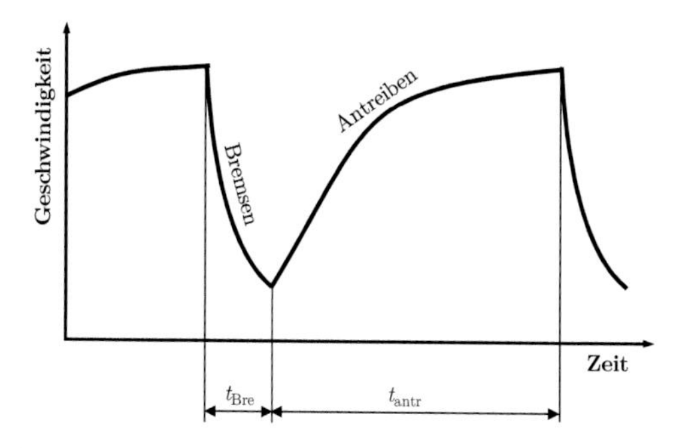

Abbildung 3.4: Schematische Darstellung eines Bremsvorgangs mit anschließendem Beschleunigen des Fahrzeugs

Aufgrund des zeitlichen Versatzes zwischen Bremsvorgang und Beschleunigungsphase muss die während des Bremsvorgangs rekuperierte Energie zwischengespeichert werden. Da der anschließende Beschleunigungsvorgang wesentlich länger andauert, wären hierfür auch leistungsschwächere und somit leichtere elektrische Maschinen denkbar.

3.1.2 Systemkomponenten

Das Bremsenergierückgewinnungssystem besteht aus verschiedenen Komponenten, die wiederum in Abhängigkeit ihrer Wirkprinzipien unterschiedlich umgesetzt werden können. Im Folgenden werden die wichtigsten Varianten vorgestellt. Im Wesentlichen sind die drei Funktionen

- Rekuperieren,
- Speichern und
- Antreiben

zu erfüllen. Hierfür sind mechanische, elektrische und eine Kombination aus mechanischen und elektrischen Systemen möglich. Insbesondere die Speichertechnologie ist ausschlaggebend dafür, ob ein mechanisches oder elektrisches System verwendet wird. Deshalb werden zunächst die bekannten Speichertechnologien vorgestellt.

Energiespeicher

Aufgrund der hohen Leistung, die beim Bremsvorgang zur Verfügung steht, kommt der Leistungsdichte des Energiespeichers in der Rennsportanwendung eine besonders hohe Bedeutung zu. Dabei sind nicht nur elektrische Speichertechnologien, sondern auch hydraulische und pneumatische Speichersystem möglich [29].

Im Wesentlichen haben sich zur Speicherung elektrischer Energie Batterien und Doppelschichtkondensatoren in der Serienfahrzeugentwicklung durchgesetzt. Batterien liefern den Vorteil der hohen Energiedichte [37]. Zur Darstellung des Vergleichs der Energie- und Leistungsdichte verschiedener Energiespeicher wird das Ragone Diagramm verwendet [49]. Gerade für die Bremsenergierückgewinnung ist die Leistungsdichte ein wesentliches Kriterium. Moderne Hochleistungszellen für die Rennsportanwendung haben dabei eine Leistungsdichte von bis zu 14 kW/kg [37].

Sowohl Doppelschichtkondensatoren als auch Hochleistungs-Li-Ion Batterien können trotz ihrer geringen Energiedichte mit einer hohen Zyklenfestigkeit und einem hohen Wirkungsgrad überzeugen [69,80,88]. Auf der Rennstrecke von Le Mans sind durch den Veranstalter sieben Bremszonen freigegeben, in denen rekuperiert werden darf [35,77]. Geht man davon aus, dass ein System für mindestens 400 Rennrunden ausgelegt ist, so ergeben sich in einem 24 Stunden Rennen 2800 Lastzyklen. Diese enorm hohe Anzahl an Zyklen bedingt, dass für elektrische und elektrochemische Energiespeicher hauptsächlich Li-Ionen Batterien und Superkondensatoren zum Einsatz kommen.

Neben den elektrischen und elektrochemischen Energiespeicher sind auch kinetische Speicher für die Anwendung im Langstreckenrennsport verbreitet. Während bei elektrischen Speichersystemen ausschließlich über elektrische Maschinen rekuperiert und angetrieben werden kann, so kommt bei kinetischen Speichersystemen auch eine mechanische Kopplung zum Tragen [30,77]. Bei der mechanischen Rekuperation mit einem Schwungradspeicher erfolgt die Drehzahlwandlung über eine Rutschkupplung. Bei der elektrischen Rekuperation in Verbindung mit einem Schwungradspeicher wird die Leistungsübertragung hingegen elektrisch bewerkstelligt. Aufgrund der hohen Leistungsdichte bei der Rekuperation bietet sich auch die Möglichkeit der mechanischen Rekuperation und des elektrischen Antreibens [30]. Dabei wird berücksichtigt, dass während der Bremsphase eine sehr hohe Leistung zur Verfügung steht und diese nicht zwingend wirkungsgradoptimal gespeichert werden muss, vgl. hydraulische und pneumatische Hybridsysteme. Während bei der Rekuperation die Leistungsfähigkeit übergeordnet ist, so ist beim Antreiben ein möglichst hoher Wirkungsgrad wichtig, um die gespeicherte Energie optimal nutzen zu können.

Anordnung

Die Rekuperation kann sowohl an der Vorderachse als auch an der Hinterachse erfolgen. Bei der Rekuperation an der Hinterachse ist es möglich, das Getriebe des Verbrennungsmotors zu nutzen, um die Drehzahlspreizung beim Rekuperationsvorgang möglichst gering zu halten. Aufgrund der fahrdynamischen Lastverteilung während des Bremsvorgangs bietet die Hinterachse jedoch ein geringeres Maximalpotential. Die Rekuperation an der Vorderachse liefert dagegen die größeren Vorteile bezüglich der Fahrdynamik (z.B. Torque Vectoring, Allradantrieb etc.). Da aber reglementseitig ein elektrisches Antreiben an der Vorderachse erst ab 120 km/h zulässig ist, schmälert sich dieses Potential erheblich.

3.1.3 Ausgeführte Systeme

Eine Vielzahl von Hybridkonzepten hat sich im täglichen Straßenverkehr etabliert. Auch im Langstreckenrennsport können Hybridkonzepte auf eine lange Tradition zurückblicken. In **Tabelle 3.1** ist eine Kurzübersicht aufgeführt, die eine Zusammenstellung der wichtigsten Konzepte chronologisch nach ihrem Einsatz liefert.

Tabelle 3.1: Übersicht der Hybridkonzepte im Langstreckenrennsport

Hersteller	Jahr	Hybrid-konzept	Speicher-technologie	elektrischer Antrieb	elektrische Leistung	wichtigster Renneinsatz
Chrysler Patriot	1993	Flüssig-gasturbine seriell	Schwungrad	Hinterachse & Vorderachse	HA & VA 515 kW	kein Renneinsatz
Panoz Esperante GTR-1 Q9 (Zytek)	1998	Benzin parallel	Batterie	Hinterachse	keine Angabe	Road Atlanta
Toyota Supra HV-R	2007	Benzin parallel	Kondensator	Hinterachse & Vorderachse	HA 150 kW/ VA 2x10 kW	Tokachi
Zytek Q10	2009	Benzin parallel	Batterie	Hinterachse	Angabe ca. 30 Nm	Lime Rock
Porsche GT3 R Hybrid	2010	Benzin parallel	Schwungrad	Vorderachse	VA 2x 60 kW	u.a. Nürburgring
Hope Racing Oreca 01	2011	Benzin parallel	Schwungrad	Hinterachse	100 kW	Le Mans
Audi R18 e-tron quattro	2012	Diesel parallel	Schwungrad	Vorderachse	150 kW	u.a. Le Mans (Gesamtsieg)
Toyota TS030 Hybrid	2012	Benzin parallel	Kondensator	Hinterachse	224 kW	u.a. Le Mans

Schon im Jahr 1993 baute Chrysler ein Hybridfahrzeug für das 24 Stunden Rennen von Le Mans. Als besonderes Merkmal ist die Verwendung einer Flüssiggasturbine, welche einen Generator antreibt, zu nennen. Dieser Generator speist wiederum einen 525 V Drehstrom-Asynchronmotor mit einer zulässigen Maximaldrehzahl von 24000 1/min, der mit einer Leistung von 515 kW angegeben wird. Zur Rekuperation von kinetischer Energie ist zusätzlich ein CFK-Schwungmassenspeicher, der in einem Vakuum betrieben wird, verbaut. Die Drehzahl wird mit 58000 1/min und das Gewicht mit 61 kg angegeben. Leider konnte Chrysler kein ausreichend sicheres Gehäuse für den Schwungmassenspeicher fertigen, sodass das Fahrzeug nie in einem Renneinsatz verwendet wurde [1,32].

Im Jahr 1998 startete in Road Atlanta der Panoz Esperante GTR-1 Q9 (Zytek) in der GT1-Klasse. Er war mit einem parallel angeordneten Elektrohybrid ausgestattet. Dieser Rennwagen konnte sich jedoch nicht für das 24 Stunden Rennen von Le Mans qualifizieren [26,65].

Im Juli 2007 konnte Toyota mit einem Werksteam beim 24 Stunden Rennen von Tokachi den ersten Rennsieg mit einem Hybridfahrzeug erreichen. Der auf der japanischen Super-GT Serie basierende Toyota Supra HV-R (Hybrid) verfügt über einen

150 kW Elektromotor an der Hinterachse. Die Vorderachse ist über zwei 10 kW Motoren angetrieben, wobei die Energie über Hochleistungskondensatoren gespeichert wird. Der Hauptantrieb ist ein 4,5 l V8 Verbrennungsmotor mit etwa 350 kW [23,41].

Zytek konnte mit seinem LMP Q10 Hybrid 2009 einen Podiumsplatz in Lime Rock erreichen. Bei dem Parallelhybrid kam als Speichertechnologie eine Batterie zum Einsatz [116].

Im Jahr 2010 führte der Porsche 911 GT3 R Hybrid beim 24 Stunden Rennen am Nürburgring für viele Stunden das Feld an. Als Speichertechnologie wurde ein elektromechanischer Schwungmassenspeicher verwendet. An der Vorderachse des Fahrzeugs kam eine Motor-Generator-Einheit zum Einsatz, welche mit einer Leistungsfähigkeit von jeweils 60 kW angegeben ist. Infolge eines Schadens am Verbrennungsmotor musste das Fahrzeug das Rennen vorzeitig beenden [3].

Ein rein mechanisches Hybridsystem nutzte Hope Racing im Jahr 2011. Bei diesem System ist die Schwungmasse über Kupplungen mit dem Antrieb verbunden. Um eine möglichst geringe Differenzdrehzahl zwischen Antrieb und Schwungrad zu erhalten, werden hierfür drei Kupplungen mit unterschiedlichen Getriebeübersetzungen eingesetzt. Die Leistung ist mit 100 kW bei einem Gewicht von 37,9 kg angegeben [26,77].

Im Jahr 2012 trat sowohl Toyota mit seinem TS030 als auch Audi mit dem R18 e-tron quattro an. Der Parallelhybrid von Toyota nutzt dabei Doppelschichtkondensatoren zur Energiespeicherung [80]. Die Motor-Generator-Einheit ist bei diesem Fahrzeug mit der Hinterachse verbunden. Im Gegensatz dazu setzt der Audi R18 e-tron quattro das in **Abbildung 3.5** dargestellte Hybridsystem mit einem elektromechanischen Schwungradspeicher ein. Dieser Speicher ist zentral im Fahrzeug neben dem Fahrer angeordnet.

Abbildung 3.5: Hybridsystem des Audi R18 e-tron quattro

Wie in der Darstellung zu erkennen, ist die Motor-Generator-Einheit an der Vorderachse angebracht. Mit dem Audi R18 e-tron quattro gelang der erste Sieg des 24 Stunden Rennens von Le Mans mit einem Fahrzeug, welches über ein System zur Bremsenergierückgewinnung verfügt. Da dieses System schon ein Teil der kinetischen Bremsenergie erfolgreich rekuperiert, wird im weiteren Verlauf dieser Arbeit die Möglichkeit der Effizienzsteigerung durch die bis heute ungenutzten Abgasenergierückgewinnung untersucht.

3.2 Abgasenergierückgewinnung

Der effektive Wirkungsgrad moderner Verbrennungsmotoren für Serienfahrzeuge beträgt im Bestpunkt ca. 42,5% [17]. Die thermodynamischen Verluste werden weitestgehend ungenutzt in Form von Wärme an die Umgebung abgegeben. Bei stationären Anwendungen wird diese Abwärme heutzutage zur weiteren Effizienzsteigerung verwendet [6,74]. Aufgrund des Gewichts, der Kosten und der Komplexität konnte sich jedoch noch kein System für mobile Anwendungen erfolgreich auf dem Markt durchsetzen. Belastbare Veröffentlichungen sind für die Rennsportanwendung nicht publiziert, sodass hier auf bekannte Untersuchungen für Serienfahrzeuge zurückgegriffen werden muss.

3.2.1 Grundlagen

Die Systeme zur Abgasenergierückgewinnung lassen sich in

- die direkte Wärmenutzung,
- die Speicherung der Wärme und
- die Wandlung der Wärme in eine höherwertige Energieform

unterteilen. Bei der direkten Wärmenutzung tritt keine Umwandlung der Energieform auf. Die Wärme wird dabei, wie in Abschnitt 3.2.2 erläutert, beispielsweise zur Optimierung des Motorwarmlaufs verwendet. Eine Speicherung der Wärme beruht auf der Überlegung, dass in Betriebspunkten in denen ausreichend Wärme vorhanden ist, Wärme gespeichert wird. Diese Wärme kann dann zu einem späteren Zeitpunkt für Aufheizvorgänge genutzt werden. Die Speichertechnologie ist entscheidend für die Wärmespeicherdichte und die Haltedauer der Wärme über einen längeren Zeitraum. Hierbei kommen sensible, latente und thermochemische Wärmespeicher zum Einsatz [34,46].

Eine weitere Möglichkeit besteht darin die Wärmeenergie über Sekundärprozesse in elektrische oder mechanische Energie zu wandeln. Hierbei werden derzeit eine Vielzahl möglicher Systeme zur Abgasenergierückgewinnung zur Verwendung in Serienfahrzeugen diskutiert, **Abbildung 3.6**. In dieser Darstellung erfolgt eine Bewertung der verschiedenen Systeme entsprechend der beiden Kriterien

- Komplexität und
- Wärmenutzung.

Auch wenn die Abbildung einen guten Überblick der Systeme bezüglich ihrer physikalischen Wirkprinzipien liefert, so ist sie aufgrund der unterschiedlichen Randbedingungen verschiedener Motorkonzepten nicht allgemein gültig. Deshalb muss für jedes Antriebssystem eine individuelle Bewertung erfolgen. Dennoch scheiden thermoakustische und thermochemische Systeme aufgrund deren hoher Komplexität und gleichzeitig geringen Wärmenutzung für die Rennsportanwendung schon im Vorfeld aus.

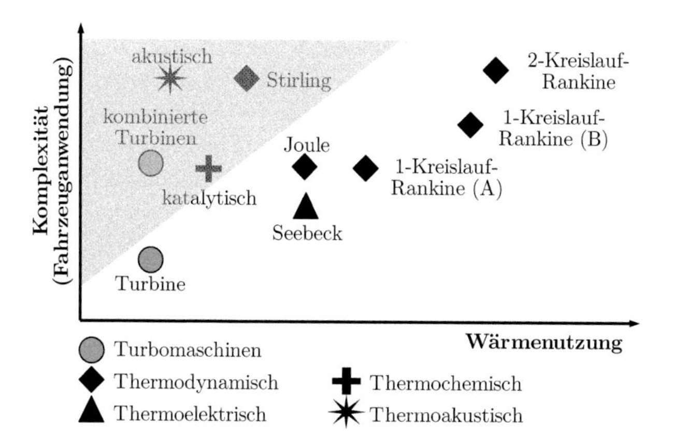

Abbildung 3.6: Mögliche Systeme zur Abgaswärmenutzung *(Serienfahrzeuge)* [87]

Es ergibt sich, dass Systeme mit den physikalischen Wirkprinzipien

- **Thermoelektrik,**
- **thermodynamische Prozesse und**
- **Turbomaschinen**

relevant sind und im Weiteren näher untersucht werden. Zur Untersuchung des Gesamtpotentials der Abgasenergierückgewinnung muss zunächst die verfügbare Abgaswärme für den regulären Rennbetrieb bestimmt werden.

Die Abgasleistung P_{Abg} berechnet sich mit

$$P_{\mathrm{Abg}} = \dot{m}_{\mathrm{Abg}} \int_{T_{\mathrm{U}}}^{T_4} c_{\mathrm{p}} \, dT. \tag{3.4}$$

Hierzu wird die Abgasmasse $\dot{m}_{\mathrm{Abg}}$ benötigt. Diese ergibt sich aus

$$\dot{m}_{\mathrm{Abg}} = \dot{m}_{\mathrm{B}} + \dot{m}_{\mathrm{L}}. \tag{3.5}$$

Zur Luftmassenberechnung wurde ein umfangreiches Luftmassenmodell erstellt. Dieses bestimmt in Abhängigkeit von Ladedruck, Ladelufttemperatur, Abgasgegendruck, Ladegrad und Motordrehzahl die jeweilige Luftmasse pro Arbeitstakt. Zur Bestimmung der Kraftstoffmasse ist es ausreichend, die Einspritzparameter auszuwerten. Diese werden standardmäßig während des Rennbetriebs aufgezeichnet.

Die spezifische Wärmekapazität des Abgases c_p aus Gleichung (3.4) ist im Wesentlichen von der Temperatur und der Abgaszusammensetzung abhängig und wird mit einem Kalorik Modell aus [44] berechnet. Aufgrund des extrem dynamischen Rennbetriebs, mit periodisch wechselnden Volllast- und Schubanteilen, ist eine der größten Herausforderungen die möglichst exakte Bestimmung der Abgastemperatur. Deshalb wurde hierzu, durch Abgleich mit Simulation und Prüfstandversuchen, ein Abgastemperaturmodell erstellt, welches in Abschnitt 4.2.2 näher beschrieben wird. Die damit berechnete Abgasleistung im Rennbetrieb ist in **Abbildung 3.7** dargestellt.

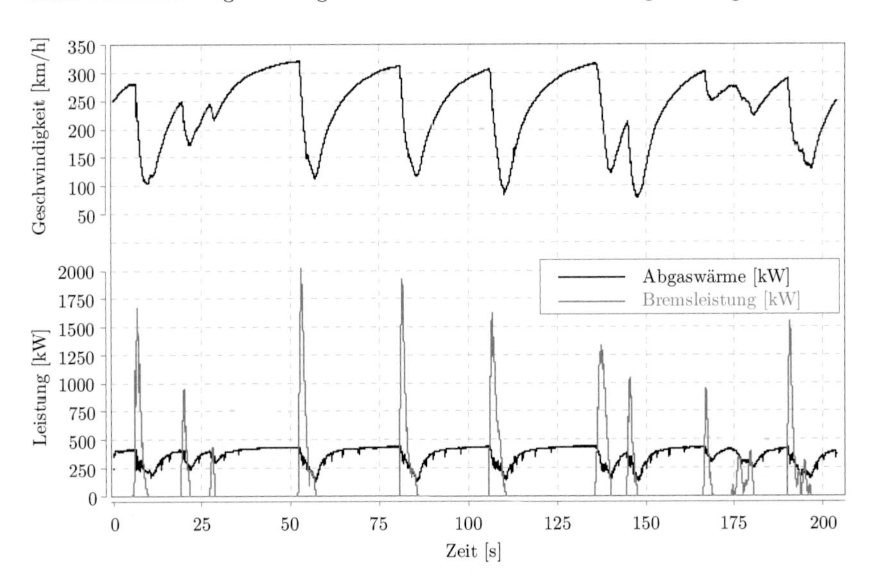

Abbildung 3.7: Geschwindigkeitsverlauf und Bremsleistung sowie Abgaswärme während der schnellsten Runde *(Le Mans 2012)*

Im Gegensatz zur Bremsleistung lässt sich in der Darstellung erkennen, dass die Abgasleistung synchron zur Antriebsleistung verläuft. Dabei befindet sich die Abgaswärme im Vergleich zur Bremsleistung während den Volllastphasen auf einem konstanten Niveau mit geringer Amplitude. Dennoch muss diese Wärme erst durch komplexe Systeme in eine höherwertige Energieform gebracht werden, um sie für den Antrieb des Fahrzeugs nutzen zu können.

3.2.2 Direkte Wärmenutzung

Die thermische Nutzung der Abgasenergie ist eine der einfachsten Möglichkeiten zur Effizienzsteigerung. Ein Anwendungsfall ist der Kaltstart des Verbrennungsmotors. Wird der noch nicht betriebswarme Motor gestartet, so tritt aufgrund der verstärkten Reibungsverluste ein erhöhter Kraftstoffverbrauch auf. Diese Reibungsverluste können minimiert werden, indem die Betriebsmedien wie Motorkühlwasser, Motor- und Getriebeöl während des Warmlaufs über die direkte Nutzung der Abgaswärme schneller auf Betriebstemperatur gebracht werden [66,48,95]. Im Gegensatz zu Serienfahrzeugen werden die Motoren im Langstreckenrennsport jedoch vor jedem Start extern vorkonditioniert, wodurch eine direkte Nutzung der Abgasenthalpie zur Aufheizung der Betriebsmedien überflüssig ist und deshalb nicht weiter verfolgt wird.

3.2.3 Dampfstrahl- und Adsorptionskälteprozess

Eine Sonderform der direkten Abgaswärmenutzung ist der Dampfstrahl- und der Adsorptionskälteprozess. Bei beiden Systemen wird die Abgaswärme in einem Sekundärprozess zum thermischen Antrieb des Kältemittelverdichters verwendet. Der Kälteprozess kann sowohl zur Innenraum- als auch zur Ladeluftkühlung verwendet werden. In [60,61,62] wird die in **Abbildung 3.8** dargestellte Dampfstrahlkälteanlage zur Ladeluftkühlung vorgeschlagen. Während bei herkömmlichen Kältekreisläufen das Kältemittel über einen mechanischen Verdichter auf ein höheres Druckniveau gebracht wird, nutzt der Dampfstrahlkälteprozess einen thermischen Verdichter. Im sogenannten Strahlverdichter wird die Druckenergie des über den Abgaswärmetauscher verdampften Kältemittels in kinetische Energie gewandelt. Aufgrund der dadurch entstehenden Niederdruckzone kann das Kältemittel des Niedertemperaturkreislaufs, welches zur Ladeluftkühlung verwendet wird, angesaugt werden. Anschließend wird die kinetische Energie des gemeinsamen Kältemittelstroms wieder in Druckenergie gewandelt. Im Rückkühler erfolgt die Kondensation des gesamten Kältemittels. Anschließend teilt sich der Massenstrom wieder in den Nieder- und den Hochtemperaturkreislauf auf. Im Hochtemperaturkreislauf wird über die Speisepumpe das Druckniveau des Kältemittels erhöht, bevor es anschließend im Abgaswärmetauscher verdampft und wieder dem Strahlverdichter zugeführt wird.

Der Massenstrom des Kältemittels im Niedertemperaturkreislauf wird wie beim konventionellen Kältekreislauf vom Rückkühler kommend über das Expansionsventil abgekühlt. Der dadurch linksdrehende thermodynamische Niedertemperaturkreislauf kühlt im weiteren Verlauf die Ladeluft und wird anschließend vom Strahlverdichter angesaugt.

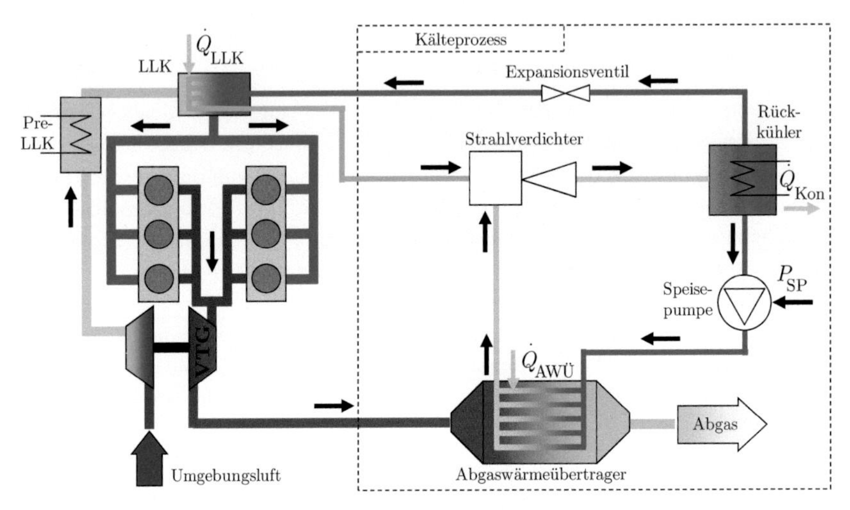

Abbildung 3.8: Dampfstrahlkälteprozess zur Ladeluftkühlung

Im Strahlverdichter wird die kinetische Energie des Dampfstrahls aus dem rechtsdrehenden Hochtemperaturkreislauf verwendet, um den gesamten Kältemittelmassenstrom wieder auf das ausgehende Druckniveau zu bringen. Zur Beurteilung der Güte des Kälteprozesses wird das thermische Wärmeverhältnis

$$\mathrm{COP_{th}} = \frac{\dot{Q}_{\mathrm{LLK}}}{\dot{Q}_{\mathrm{AWÜ}}} \tag{3.6}$$

verwendet. Untersuchungen ergaben dabei einen $\mathrm{COP_{th}}$ von 0,1 bis 0,35 [62]. Für die Rennsportanwendung ist zusätzlich die Kühlbedarfssteigerung durch den Rückkühler aufgrund der damit einhergehenden aerodynamischen Einflüsse von besonderer Bedeutung. Dieser Rückkühlbedarf berechnet sich mit

$$\dot{Q}_{\mathrm{Kon}} = \dot{Q}_{\mathrm{LLK}} + \dot{Q}_{\mathrm{AWÜ}} = \dot{Q}_{\mathrm{LLK}} \left(1 + \frac{1}{\mathrm{COP_{th}}}\right). \tag{3.7}$$

Für einen $\mathrm{COP_{th}}$ von lediglich 0,1 müsste über das 10-fache der Kühlleistung vom Niedertemperatur-Ladeluftkühler rückgekühlt werden. Anhand dieser Betrachtung wird deutlich, dass ein hoher $\mathrm{COP_{th}}$ die Basis für ein solches System ist.

3.2.4 Thermoelektrischer Generator

Eine direkte Wandlung von thermischer in elektrische Energie ist mit dem sogenannten thermoelektrischen Generator (TEG) möglich. Thomas Johann Seebeck entdeckte 1821, dass infolge von Temperaturdifferenzen in einem Stromkreis mit zwei unterschiedlichen elektrischen Leitern eine elektrische Spannung induziert wird [93].

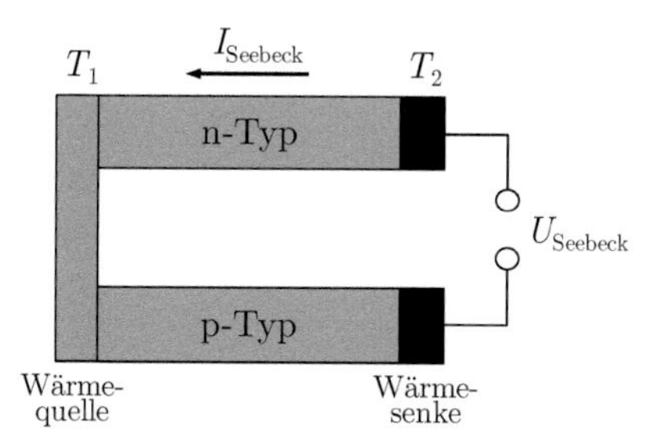

Abbildung 3.9: Thermoelektrisches Schenkelpaar eines TEG

Die dabei entstehende Spannung U_{Seebeck} lässt sich über die Seebeck-Koeffizienten α_{Seebeck} [58] für eine Materialpaarung mit

$$U_{\text{Seebeck}} = (\alpha_{\text{B,Seebeck}} - \alpha_{\text{A,Seebeck}})(T_2 - T_1) \tag{3.8}$$

berechnen. Zur Beurteilung der thermoelektrischen Eigenschaft verschiedener Materialien wurde 1909 von Edmund Altenkirch die dimensionslose Güteziffer

$$\text{ZT} = \frac{\alpha_{\text{Seebeck}}^2 \sigma_{\text{el}}}{\lambda_{\text{th}}} T \tag{3.9}$$

definiert [2]. Dabei wird deutlich, dass ein hoher Seebeck-Koeffizient den größten Einfluss auf die Effizienz eines thermoelektrischen Materials hat. Daneben ist eine gute elektrische Leitfähigkeit σ_{el} und eine geringe thermische Leitfähigkeit λ_{th} anzustreben.

Der Wirkungsgrad eines thermoelektrischen Generators

$$\eta_{\text{TEG}} = \frac{T_1 - T_2}{T_1} \left(\frac{\sqrt{1 + \text{ZT}} - 1}{\sqrt{1 + \text{ZT}} + \frac{T_2}{T_1}} \right) \tag{3.10}$$

lässt sich über die Güteziffer aus (3.9) direkt bestimmen [27,40]. Für einen hohen Wirkungsgrad muss das thermoelektrische Material zusätzlich mit einer hohen Temperatur T_1 beaufschlagt werden. Der Erfolg des TEG ist im Wesentlichen von der Materialforschung abhängig. Ziel ist es, Materialien mit einem hohen ZT-Wert bei gleichzeitig hoher Temperaturwiderstandsfähigkeit zu entwickeln. Aktuelle Veröffentlichungen belegen einen ZT-Wert von ca. 1,2 für industriell gefertigte TEG Module [12].

Für die Anwendung im Rennsport zeigt sich beim TEG vorteilhaft, dass keinerlei bewegte Bauteile benötigt werden, sodass das System sehr robust ist und der hohen mechanischen Belastung im Rennsport widerstehen kann.

3.2.5 Clausius-Rankine Prozess

Der Clausius-Rankine Prozess (CRP) ist ein thermodynamischer Kreisprozess, welcher als Vergleichsprozess von Dampfkraftmaschinen dient. Wie in **Abbildung 3.10** dargestellt, besteht er im einfachsten Fall aus den vier Hauptkomponenten: Speisepumpe, Abgaswärmeübertrager, Expansionsmaschine und Kondensator.

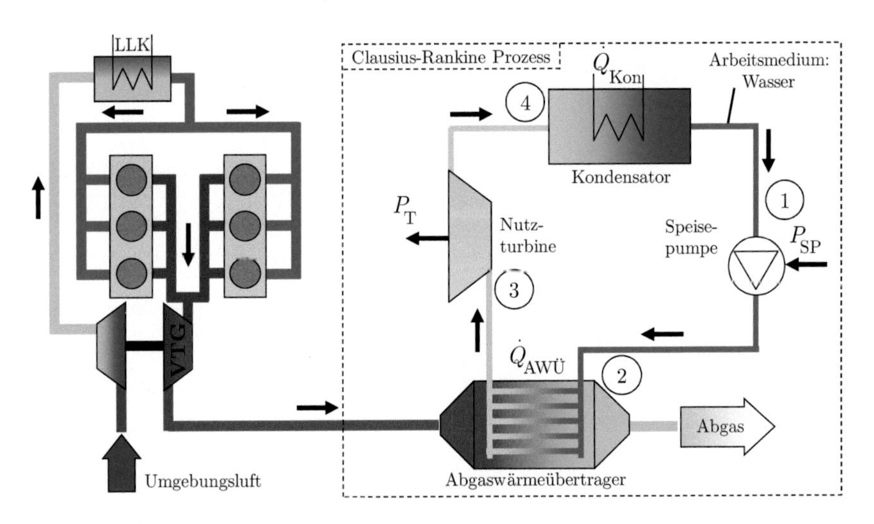

Abbildung 3.10: Schematische Darstellung des Clausius-Rankine Prozesses

Das Arbeitsmedium muss die Eigenschaft mit sich bringen, dass es im relevanten Temperaturbereich des Abgaswärmeübertragers einen Phasenübergang von flüssig nach gasförmig durchläuft. Für die Anwendung für Serienfahrzeuge werden hauptsächlich Medien untersucht deren Gefrierpunkt unter -20 °C ist, sodass das System auch bei sehr kalten Umgebungsbedingungen nicht versagt. Dabei zeigen die Medien Ethanol, Benzol und Toluol den besten Prozesswirkungsgrad [63]. Die genannten Medien sind leicht entzündlich, Toluol gesundheitsschädlich und Benzol giftig, sodass diese Medien hier nicht weiter betrachtet werden. Für die Anwendung im Rennsport eignet sich das Arbeitsmedium Wasser aufgrund seiner thermodynamischen Eigenschaften (Temperaturbeständigkeit und hohe Verdampfungsenthalpie) hervorragend. Aufgrund der vorherrschenden Umgebungstemperaturen an den Rennstrecken müssen keine Vorkehrungen getroffen werden, um die Systemkomponenten vor gefrierendem Wasser zu schützen.

In **Abbildung 3.11** ist der CRP im T-s-Diagramm dargestellt, sodass der thermodynamische Kreisprozess beschrieben werden kann. Die Speisepumpe bringt, ausgehend von Punkt 1, das Arbeitsmedium in flüssiger Form auf ein höheres Druckniveau. Anschließend wird es im Abgaswärmeübertrager verdampft (2a nach 2b) sowie überhitzt (2b nach 3). Der überhitzte Wasserdampf wird der Expansionsmaschine zugeführt. Durch die Expansion des Dampfes (3 nach 4) wird mechanische Arbeit verrichtet. Eine Möglichkeit besteht darin, diese mechanische Arbeit über einen Generator für den elektrischen Fahrzeugantrieb zur Verfügung zu stellen. Nach der Expansion muss das Arbeitsmedium über den Kondensator rückgekühlt werden (4 nach 1), sodass es wieder in flüssiger Form der Speisepumpe zugeführt wird.

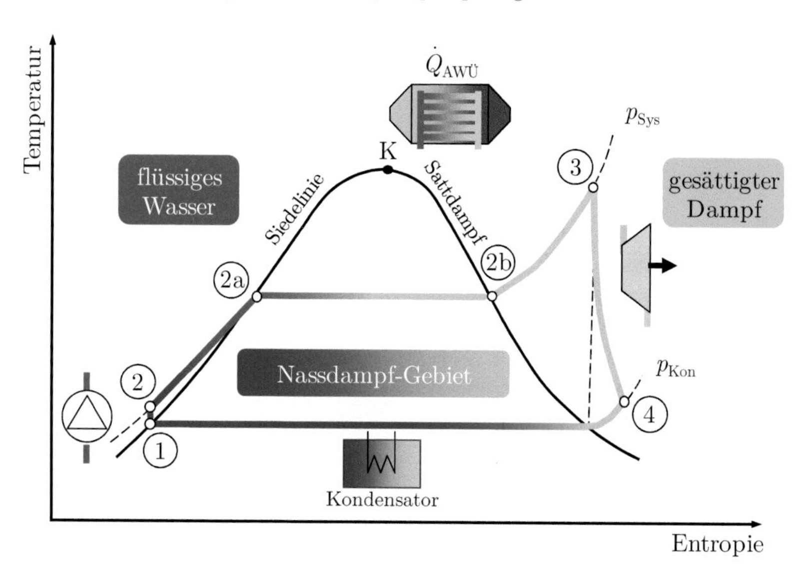

Abbildung 3.11: Clausius-Rankine Prozess im T-s-Diagramm

Der Idealprozess lässt sich in die Teilschritte

- 1→2: isentrope Verdichtung,
- 2→3: isobare Wärmezufuhr (Verdampfen und Überhitzen),
- 3→4: isentrope Expansion und
- 4→1: isobare Rückkühlung (Kondensation)

untergliedern. Da der Leistungsbedarf der Speisepumpe aufgrund des flüssigen Arbeitsmediums sehr gering ist, bietet der Clausius-Rankine Prozess (CRP) das höchste

Potential zu Wärmenutzung [87]. Für Nutzfahrzeuganwendungen ergibt sich eine mögliche Verbrauchsreduktion von ca. 5% [67].

3.2.6 Joule-Brayton Prozess

Der Joule-Brayton Prozess (JBP) wird als Vergleichsprozess für die Gasturbine verwendet. In der offenen Konfiguration wird kein Rückkühler benötigt. Das Arbeitsmedium ist in diesem Fall Umgebungsluft und befindet sich während des gesamten Prozesses im gasförmigen Zustand. In der einfachsten Ausführung besteht der JBP aus einem Verdichter, einem Wärmetauscher und einer Expansionsmaschine, **Abbildung 3.12**.

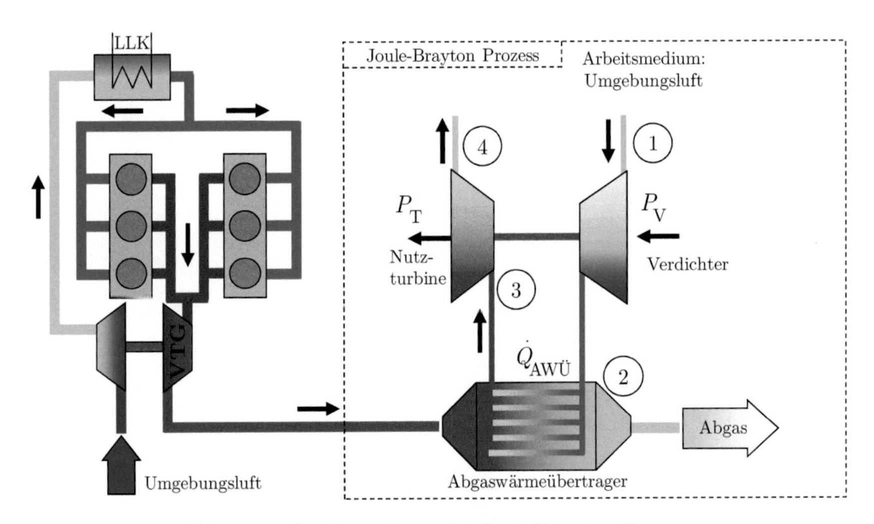

Abbildung 3.12: Schematische Darstellung des Joule-Brayton Prozesses

Bei konventionellen Gasturbinen ist anstelle des Abgaswärmeübertragers eine Brennkammer verbaut, in der eine Energiezufuhr erfolgt. Bei dem untersuchten JBP ist die Turbine direkt mit dem Verdichter und einer elektrischen Maschine gekoppelt. In Abhängigkeit der Leistungsfähigkeit des Abgaswärmeübertragers und des Temperaturniveaus des Abgasmassenstroms ergibt sich eine unterschiedliche Turbinenleistung. Um eine elektrische Leistung generieren zu können, muss deshalb die Nutzleistung der Turbine höher sein als die Antriebsleistung des Verdichters.

In **Abbildung 3.13** ist das T-s-Diagramm des JBP dargestellt. Der Idealprozess untergliedert sich in:

- 1→2: isentrope Verdichtung,
- 2→3: isobare Wärmezufuhr und
- 3→4: isentrope Expansion.

Die Verdichtungsarbeit entspricht der Fläche 2-b.-a.-e.-2. Die Fläche 3-d.-c.-f.-3 stellt die Arbeit der Nutzturbine dar.

Aus der Darstellung wird deutlich, dass beim JBP im direkten Vergleich mit dem CRP eine viel höhere Verdichtungsarbeit benötigt wird. Je höher das Temperaturniveau im Punkt 3 nach der Wärmezufuhr ist, desto höher ist auch die Turbinenleistung bei gleichbleibender Verdichterantriebsleistung.

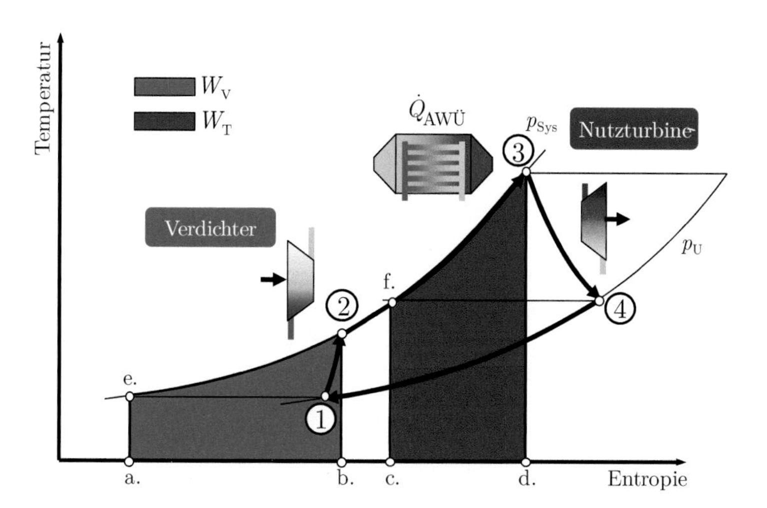

Abbildung 3.13: Joule-Brayton Prozess im T-s-Diagramm

Deshalb ist beim JBP ein hohes Temperaturniveau außerordentlich wichtig, um eine positive Leistungsbilanz zu erzielen und eine möglichst große elektrische Leistung zu generieren. Vorteilhaft zeigt sich beim JBP, dass aufgrund des Arbeitsmediums Luft der Prozess offen gestaltet werden kann und kein Rückkühler benötigt wird.

3.2.7 Turbocompound-Verfahren

Die Verwendung von Abgasturbinen ist bei heutigen Personenfahrzeugen Stand der Technik. Hierbei wird ein Teil der technisch nutzbaren Abgasenergie mit Hilfe eines Abgasturboladers zur Aufladung des Verbrennungsmotors verwendet. Der Ursprung der Turboladerentwicklung geht auf die Patentschrift „Kohlenwasserstoff-Kraftanlage“ von Alfred Büchi aus dem Jahr 1905 zurück [19]. In den Ansprüchen dieser Schrift ist die Kombination aus Kolbenmotor mit direkt gekoppelter Nutzturbine und vorgeschaltetem Kompressor aufgeführt. Dies bedeutet, dass das Turbocompound-Verfahren (Verbundverfahren) noch vor dem heute kaum wegzudenkenden freilaufenden Abgasturbolader erfunden wurde. Erst später wurde die Idee eines freilaufenden

Turboladers von Büchi veröffentlicht. Die Technologie des Turbocompound-Verfahrens kam erstmals in den vierziger und fünfziger Jahren des letzten Jahrhunderts zur Effizienzsteigerung in Flugzeugtriebwerken zum Einsatz [21,89]. In den ersten Ausführungen war die Nutzturbine direkt mit der Kurbelwelle verbunden und wurde zur direkten Erhöhung der Antriebsleistung verwendet [47]. Bei gleicher Kraftstoffmenge wird somit ein höherer Wirkungsgrad des Verbrennungsmotors erreicht. In den folgenden Jahren kam deshalb das System für besonders effiziente und leistungsstarke Motoren zum Einsatz [28]. In der Luftfahrt wurden in den fünfziger Jahren Verbrennungsmotoren durch Strömungsmaschinen aufgrund deren geringeren Komplexität und besserem Leistungsgewicht verdrängt, sodass sich das Turbocompound-Verfahren nicht durchsetzen konnte. In den siebziger Jahren wurde das Antriebssystem für die Verwendung in Kraftfahrzeugen in Verbindung mit dem adiabaten Verbrennungsmotor erneut fokussiert. Dieses Konzept zeigte sich jedoch nicht als zielführend [14].

Für die mobile Anwendung im Straßenverkehr sind ausschließlich mechanische Turbocompound-Verfahren umgesetzt. Dabei ist die Nutzturbine entweder mechanisch oder hydraulisch mit dem Verbrennungsmotor gekoppelt. Aufgrund der hohen Motordrehzahlgradienten in der Rennsportanwendung ist eine direkte Kopplung der Komponenten nicht zweckmäßig. Durch den Einzug der Elektrifizierung des Antriebsstranges ergibt sich die Möglichkeit, ein elektrisches Turbocompound-Verfahren (ETC) im Rennsport zu realisieren. Am Beispiel des Audi R18 e-tron quattro ist die elektrische Vorderachse nutzbar, um die über das ETC rekuperierte Energie zum Antrieb des Fahrzeugs freizugeben.

Mögliche Systemanordnung des Verbrennungsmotors mit Turbocompound-Verfahren

Beim Turbocompound-Verfahren wird sowohl über den intermittierend arbeitenden Verbrennungsmotor als auch über die kontinuierlich arbeitende Strömungsmaschine Nutzarbeit verrichtet. Hierdurch ergeben sich zahlreiche Umsetzungsmöglichkeiten, um die beiden Teilkomponenten bestehend aus:

- Verbrennungsmotor und
- Nutzturbine

miteinander zu verschalten. Im Vergleich zum Verbrennungsmotor, der auch in einem weiten Drehzahlbereich hocheffizient arbeitet, ist nur ein enger Drehzahlbereich für den optimalen Betrieb der Strömungsmaschine möglich. Hierdurch ist eine Entkopplung der beiden Maschinen anzustreben, um die Nutzturbine nicht mit der gleichen Drehzahlspreizung wie der des Verbrennungsmotors betreiben zu müssen. Aufgrund der hohen Drehzahlgradienten des Verbrennungsmotors zeigt sich in der Rennsportanwendung ein elektrisches Turbocompound-Verfahren als besonders geeignet. Somit kann die Nutzturbine unabhängig von der Drehzahl des Verbrennungsmotors arbeiten. Im Folgenden wird deshalb eine Auswahl an Verschaltungsmöglichkeiten für das ETC vorgestellt. **Abbildung 3.14** (a) zeigt einen Saugmotor mit einer nachgeschalteten Nutzturbine. Diese Nutzturbine ist mit einer elektrischen Maschine (MGU-H) gekoppelt. Über die Turbine stellt sich ein Druckgefälle ein, welches zur Abgasenergierekuperation führt. Gerade bei Saugmotoren wird die komplette Exergie nach dem Öffnen der Auslassventile ungenutzt an die Umgebung abgegeben. Somit bietet sich hier ein hohes Potential zur Rekuperation. Nachteilig zeigt sich für den Saugmotor, dass im Vergleich zum aufgeladenen Motor nur ein begrenzter Mitteldruck möglich ist und die maximale Antriebsleistung im Wesentlichen durch den Hubraum und die Motordrehzahl begrenzt ist. Im Gegensatz dazu ist bei einem aufgeladenen Verbrennungsmotor bei gleicher Motordrehzahl eine weitaus höhere Leistungsdichte realisierbar.

Für ein gutes Ansprechverhalten muss bei Turbomotoren ein schneller Ladedruckaufbau gewährleistet werden. Dies kann über eine variable Turbinengeometrie (VTG) oder über eine Turbinenstufe mit einem kleinen geometrischen Turbinenquerschnitt erfolgen. Nachteilig zeigt sich bei der zuletzt genannten Lösung, dass zur Ladedruckregelung im Nennleistungspunkt ein hoher Anteil des Abgasmassenstroms ungenutzt über das Wastegate abgeblasen werden muss. In **Abbildung 3.14** (b) wird dieser sonst ungenutzte Abgasmassenstrom über die parallel geschaltete Nutzturbine in elektrische Energie gewandelt und führt zur Effizienzsteigerung. Durch das Absteuerventil (AV) wird die Aufteilung des Abgasmassenstroms zwischen Abgasturbolader und Nutzturbine geregelt und das Wastegate kann entfallen.

Eine weitere Anordnung für das Turbocompound-Verfahren unter Motorsportrandbedingungen stellt die Kopplung einer elektrischen Maschine auf einer gemeinsamen Welle mit dem Turbolader dar. Hierdurch ergibt sich neben dem Betriebsmodus Abgasenergierekuperation zusätzlich die Möglichkeit, den Turbolader elektrisch zu „boosten". Durch diesen Betriebsmodus wird der Verdichter für ein besseres Ansprechverhalten elektrisch unterstützt und der Ladedruckaufbau kann weiter verbessert werden. Voraussetzung hierfür ist, dass das zusätzliche Massenträgheitsmoment durch den Rotor der MGU-H möglichst gering ausfällt. Dabei kann die elektrische Maschine entweder, wie in **Abbildung 3.14** (c) dargestellt, vor dem Verdichter oder zwischen dem Verdichter und der Turbine, entsprechend **Abbildung 3.14** (d), angeordnet sein. Ein detaillierter Vergleich der beiden Varianten mit der direkten Kopplung des Turboladers mit der elektrischen Maschine erfolgt in Abschnitt 6.1.

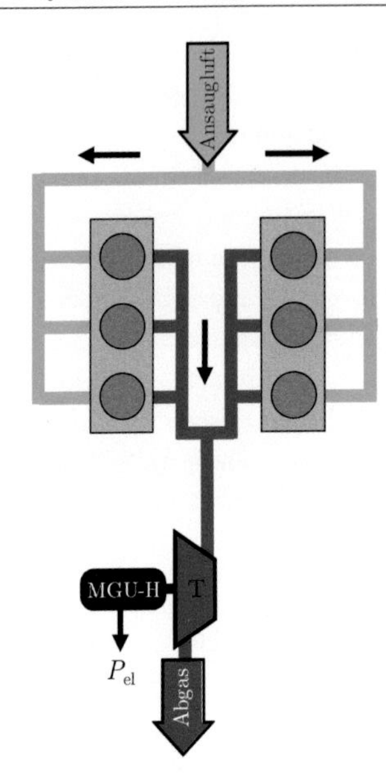

(a) Saugmotor mit ETC

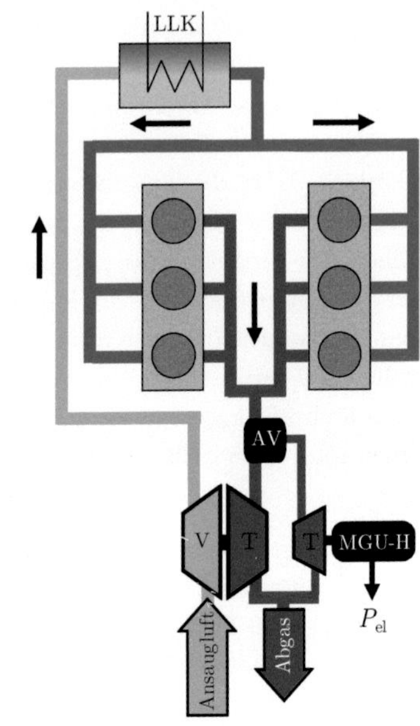

(b) Verbrennungsmotor mit Abgasturboaufladung und paralleler Nutzturbine

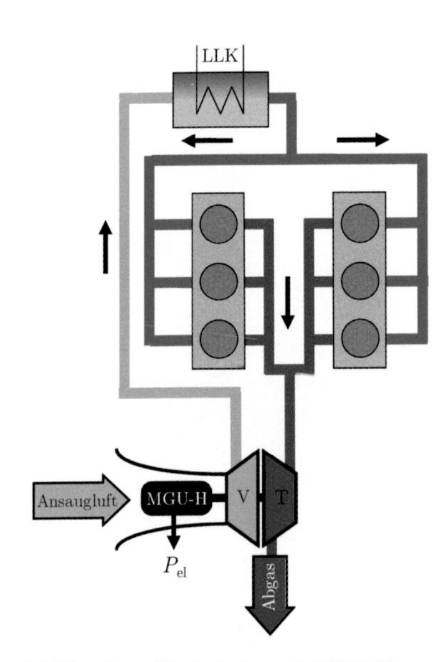

(c) Kopplung Turbolader mit MGU-H vor Verdichter

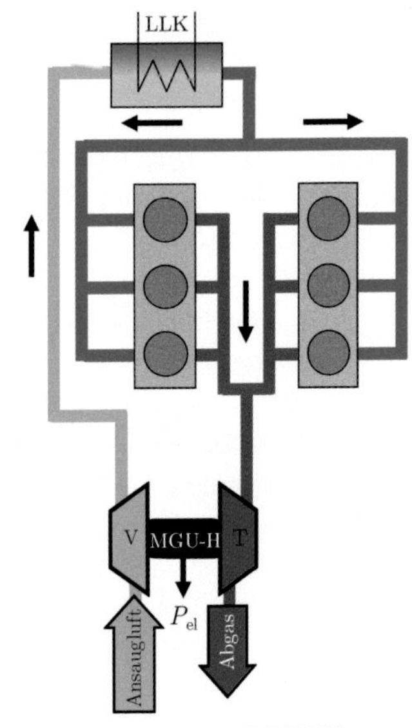

(d) Kopplung Turbolader mit MGU-H zwischen Verdichter und Turbine

Abbildung 3.14: Mögliche Systemanordnungen für das elektrische Turbocompound-Verfahren

4 Identifikation des Zielsystems zur Abgasenergierückgewinnung in der Rennsportanwendung

Im vorherigen Kapitel wurden verschiedene Möglichkeiten zur Abgasenergierückgewinnung vorgestellt. Für diese Systeme existieren zahlreiche wissenschaftliche Untersuchungen. Diese beschränken sich jedoch im Wesentlichen auf stationäre Anlagen sowie mobile Einsatzgebiete für Nutzfahrzeuge und Serienfahrzeuge. Für die Randbedingungen im Rennsport ist eine gesonderte Betrachtung erforderlich, vgl. Kapitel 2.

4.1 Definition der Bewertungskriterien

Zur methodischen Analyse der Potentiale der unterschiedlichen Konzepte ist es zunächst erforderlich, die rennsportspezifischen Bewertungskriterien einzuführen. Diese Kriterien sind als Maßstab, innerhalb vorgegebener technischer Mindestanforderungen, zu verstehen. Über die Priorisierungsmethode des Paarweisen Vergleichs ergibt sich die Gewichtung aus **Abbildung 4.1** [25]. Es lässt sich erkennen, dass der Gesamtwirkungsgrad am stärksten gewichtet ist. Weiter ist das Leistungsgewicht, der Einfluss auf die Aerodynamik und die zusätzliche Masse für die Rennsportanwendung von besonderer Bedeutung. Unter der Prämisse, dass die Haltbarkeit die Mindestanforderung von 36 Stunden erfüllt, ist eine Dauerhaltbarkeit nicht notwendig und somit von untergeordneter Bedeutung.

Anhand dieser Gewichtungen können die einzelnen Systeme anschließend miteinander systematisch verglichen werden, woraus eine Empfehlung für das Zielsystem hervorgeht. Da die detaillierte Bewertung sehr umfangreich ist, werden im Abschnitt 4.3 die verschiedenen Systeme vorgestellt und exemplarisch deren Gesamtwirkungsgrad ausgewiesen. Zunächst ist es erforderlich, die verfügbare Abgasenthalpie möglichst exakt zu bestimmen, um anschließend eine Bewertung des Gesamtwirkungsgrades durchzuführen.

	Masse	Leistungsgewicht	Haltbarkeit (>36h)	Bauraum	Einfluss Aerodynamik	Gesamtwirkungsgrad	Technologisches Risiko	Gefahrenpotential (Aufwand zur Risikominimierung)	Gewichtung
Masse		0	2	2	1	0	1	2	8
Leistungsgewicht	2		2	2	1	0	1	2	10
Haltbarkeit (>36h)	0	0		1	0	0	0	0	1
Bauraum	0	0	1		0	0	1	0	2
Einfluss Aerodynamik	1	1	2	2		1	1	2	10
Gesamtwirkungsgrad	2	2	2	2	1		2	2	13
Technologisches Risiko	1	1	2	1	1	0		1	7
Gefahrenpotential (Aufwand zur Risikominimierung)	0	0	2	2	0	0	1		5

0 = unwichtiger; 1 = gleich wichtig; 2 = wichtiger (Zeilen vs. Spalten)

Abbildung 4.1: Bewertungskriterien für Abgasenergierückgewinnung unter rennsportspezifischen Randbedingungen

4.2 Detaillierte Bestimmung der Abgasenthalpie

Bei der Betrachtung der Bewertungskriterien ist der Gesamtwirkungsgrad, welcher der Nutzleistung des Systems zur Abgasenergierückgewinnung, bezogen auf die Abgaswärmeleistung, entspricht, von besonderer Bedeutung.

Zur Berechnung der Abgaswärmeleistung ist eine möglichst genaue Bestimmung der Abgastemperatur zwingend erforderlich. Dabei stellt sowohl die Massenmittelung der Abgastemperatur über einen Arbeitszyklus des Verbrennungsmotors als auch die transiente Gastemperaturbestimmung während des regulären Rennbetriebs eine große

Herausforderung dar. Deshalb wird im weiteren Verlauf der Arbeit eine Methode zur detaillierten Bestimmung der Abgastemperatur erarbeitet.

4.2.1 Erarbeitung einer Methode zur Abgastemperaturbestimmung

Die exakte Abgastemperatur lässt sich mittels konventioneller Thermoelemente nicht direkt messen, da diese nur die Temperatur, welche an ihrer Messspitze herrscht, wiedergeben [76,94]. Dadurch treten neben dem Wärmeübergang zur Einbaustelle zusätzlich Effekte aufgrund der

- zeitlichen Mittelung der Gastemperatur (Zeitskala: Arbeitszyklus) und der
- thermischen Trägheit des Thermoelements (Zeitskala: Lastwechsel)

auf.

Für die Potentialbewertung der verschiedenen Abgasenergierückgewinnungssysteme ist die Kenntnis der zur Verfügung stehenden Abgasenthalpie

$$H_{\mathrm{Abg}} = h_{\mathrm{a}} \frac{dm_{\mathrm{a}}}{d\varphi} = \int c_{\mathrm{p,Abg}}(T_{\mathrm{Abg}} - T_{\mathrm{ref}}) dm_{\mathrm{a}} \tag{4.1}$$

Voraussetzung. Dabei muss für jedes infinitesimale Abgasmassenelement die Temperatur bekannt sein **(Massenmittelung der Gastemperatur)**. Dies führt neben der thermischen Trägheit des Thermoelements zu einer weiteren Herausforderung, da die Messung ein Ergebnis der zeitlich gemittelten Temperatur ist, vgl. Abschnitt 5.4.2. Durch den stark intermittierenden Abgasmassenstrom des Rennmotors gibt das Thermoelement nicht die Temperatur der Massenelemente wieder. Hieraus wird deutlich, dass zur Bestimmung der Abgastemperatur die ausschließliche Messung nicht zielführend ist.

Weiter führt das hochdynamische Lastprofil eines Rennmotors zu höchst instationären Temperaturprofilen des Abgasmassenstroms. Gewöhnlich eingesetzte Thermoelemente können aufgrund ihrer thermisch trägen Masse diesem Temperaturprofil nicht folgen und führen deshalb zu einem erheblichen Messfehler **(thermische Trägheit)**. Im regulären Rennbetrieb wird zur Grenzwertüberwachung der Abgastemperatur vor der Turbine ein Thermoelement mit einem Durchmesser von 3 mm verwendet. Gerade der Wechsel von Volllast- auf Schubbetrieb und wieder zurück in den Volllastbetrieb, welcher während des Rennens in jeder Kurve auftritt, führt zu hoher Ungenauigkeit der Messung aufgrund der thermischen Trägheit des Thermoelements. Um eine möglichst exakte Abgastemperatur während des Rennrundenprofils zu ermitteln, ist somit die alleinige Messung mit einem Thermoelement unzureichend.

Die im Rahmen dieser Arbeit entwickelte Methode ist in **Abbildung 4.2** dargestellt. Ihr Ziel ist, über die Simulation das Verhalten eines realen Thermoelements zu modellieren. Entspricht der gemessenen Abgastemperaturverlauf dem des modellierten Thermoelements, so lässt sich die simulierte Temperatur des Abgasmassenstroms zur Abgasenthalpiebestimmung verwenden.

Die Modellvalidierung ist dabei in unterschiedliche Stufen untergliedert. Aus den Herstellerangaben der Thermoelemente sind die Ansprechzeiten verschiedener Thermoelemente ersichtlich [96]. Der dabei zu Grunde gelegte Messaufbau lässt sich über die Simulation eines Rohrstücks mit den entsprechenden Thermoelementen abbilden. Durch die Aufprägung des Temperatursprungs, entsprechend der Messung, lässt sich das Modell anhand der gegebenen Ansprechdauer des Herstellers für verschiedene Thermoelemente verifizieren.

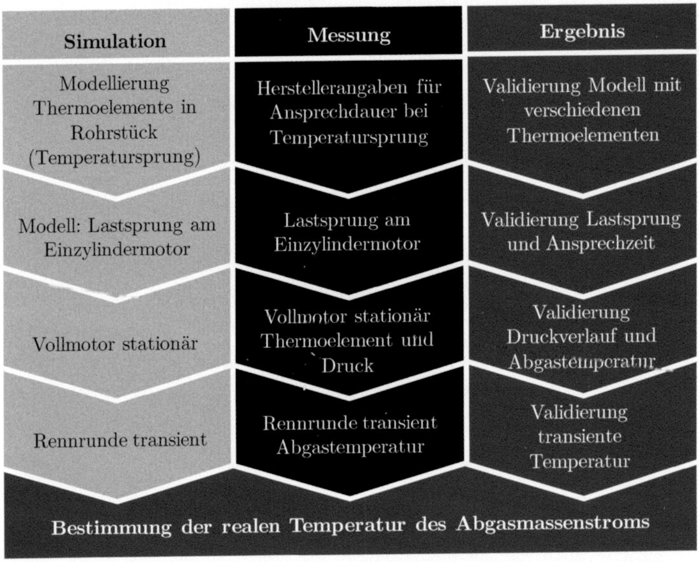

Abbildung 4.2: Methodik zur exakten Bestimmung der Abgastemperatur und -enthalpie

Am Vollmotor können aufgrund der Gefahr, dass das Turbinenrad durch ein brechendes Thermoelement beschädigt wird, nur Thermoelemente ab einem Schaftdurchmesser von 1,5 mm verwendet werden. Deshalb wurden im zweiten Schritt Thermoelemente mit einem geringeren Durchmesser im Abgastrakt des Einzylindermotors aufgebaut, da bei einem abbrechenden Thermoelement kein Folgeschaden entsteht. Dabei wurden sowohl Thermoelemente für den Grundlagenversuch mit offenem Messdraht bei einem minimalen Durchmesser von 0,025 mm und verschiedene Thermoelemente mit geschlossener Messspitze und einem Durchmesser von 0,5 mm, 0,75 mm, 1 mm, 1,5 mm und 3 mm untersucht. Durch den definierten Lastsprung ergibt sich in Abhängigkeit der thermisch trägen Masse der Thermoelemente ein unterschiedliches Ansprechverhalten der Temperaturmessungen. Die Simulation des Abgastemperaturverhaltens am Einzylindermotor kann anhand eines Thermoelements optimiert werden. Zur Validierung wird das Verhalten eines Thermoelements mit einem beliebigen Durchmesser über die Simulation vorausberechnet und mit der Messung verglichen. Hierdurch wird ermöglicht, auch ein Thermoelement mit einer unendlich kleinen Masse zu modellieren, um somit die exakte Abgastemperatur zu berechnen.

Im dritten Schritt wird der Vollmotor im Simulationsmodell abgebildet. Durch die Vollindizierung im Einlass-, Auslasstrakt und Zylinder des Motors am Prüfstand erfolgt die Validierung der Ladungswechselrechnung. Sobald der indizierte Druckverlauf der Simulation dem der Messung entspricht, ist sichergestellt, dass der Massenstromverlauf des Abgases aus der Berechnung die Realität widerspiegelt. Neben der Druckmesstechnik wurden am Vollmotor zusätzliche Thermoelemente verbaut. Hierdurch ist es möglich, die modellierten Thermoelemente aus der Simulation für die verschiedenen Positionen im Abgastrakt zu validieren. Im letzten Schritt wird der transiente Rennrundenbetrieb am Motorprüfstand nachgefahren. Der sich einstellende Abgastemperaturverlauf muss dabei dem der Simulation entsprechen. Durch die Verwendung von Thermoelementen mit unterschiedlich großen thermischen Massen ist es möglich, zunächst das Modell anhand eines Thermoelements zu optimieren. Die Verifikation des Simulationsmodells erfolgt über die Vorausberechnung der zusätzlich verbauten Thermoelemente. Entsprechen die Verläufe aus der Simulation der Messung, so kann ein Thermoelement mit einer unendlich kleinen thermischen Masse simuliert werden und eine Aussage über die reale Gastemperatur erfolgen. Über das Simulationsmodell lässt sich, neben der Temperatur für jedes Abgasmasseelement, zusätzlich der Druck ermitteln, sodass mit diesen thermodynamischen Größen die Bestimmung der Exergie möglich wird.

4.2.2 Abgastemperaturverlauf über eine Rennrunde

Anhand der zuvor vorgestellten Methode, lässt sich der im Rennbetrieb real auftretende Abgastemperaturverlauf zur Enthalpiebestimmung berechnen. In **Abbildung 4.3** ist der Vergleich des gemessenen und simulierten Temperaturverlaufs über eine Rennrunde dargestellt.

Das in der Messung verwendete Thermoelement mit einem Durchmesser von 3 mm ist über die Simulation sehr gut abgebildet, sodass der gemessene und simulierte Temperaturverlauf nahezu identisch ist. Zusätzlich ist die über die Simulation bestimmbare massengemittelte Abgastemperatur dargestellt. Diese Temperatur entspricht der realen Temperatur des Abgasmassenstroms, welche nicht direkt messbar ist. Dabei zeigt sich der steile Temperaturgradient beim Lastwechsel.

Zusätzlich ist der Maximalwert etwas höher als der des Thermoelements. Dies lässt sich einerseits durch die Wärmeleitung vom Thermoelement zum Krümmer und andererseits durch den Unterschied zwischen dem massengemittelten und dem zeitlich gemittelten Temperaturverlauf begründen.

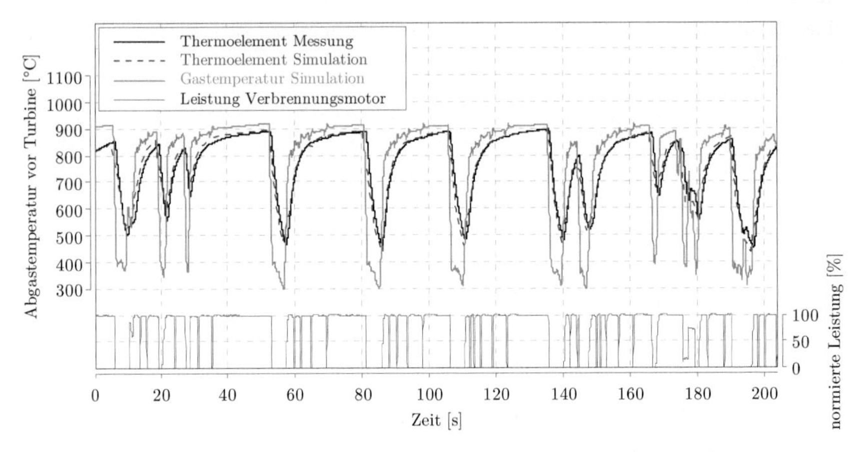

Abbildung 4.3: Abgastemperaturverlauf vor der Turbine über eine Rennrunde *(Le Mans, Validierung der Simulation)*

Im Abschnitt 5.4.2 wird auf den sich dabei ergebenden Temperaturunterschied genauer eingegangen.

4.3 Potentialanalyse der Systeme

Die verschiedenen Systeme zur Abgasenergierückgewinnung unterliegen unterschiedlicher Herausforderungen. So hat jedes System verschiedene Schlüsselkomponenten, welche für eine abschließende Bewertung zunächst detailliert untersucht werden müssen.

4.3.1 Thermoelektrischer Generator

Der Erfolg der thermoelektrischen Generatoren ist im Wesentlichen von der Materialforschung abhängig. Ein wichtiger Schritt ist die Nanobehandlung, die in den letzten Jahren zur Optimierung der Güteziffer ZT beigetragen hat [12,57].

In **Abbildung 4.4** ist der Wirkungsgrad des TEG in Abhängigkeit von der Güteziffer ZT und der Temperatur T_1 dargestellt. Im direkten Vergleich mit dem Carnot Wirkungsgrad ergibt sich für den TEG nur ein Viertel der theoretisch über einen thermodynamischen Prozess erreichbaren Energieausbeute. Es zeigt sich, dass mit dem

ZT-Wert aktueller Materialien ein Wirkungsgrad von maximal 20% bei einer Temperatur der Wärmequelle von 1000 °C darstellbar wäre. Eine Übersicht verschiedener thermoelektrischer Materialien mit den dazugehörigen ZT-Werten sowie ihre zulässige Einsatztemperatur gibt Yang in [112]. Dabei zeigt sich, dass bei einem ZT-Wert von 1,2 eine Temperatur der Wärmequelle von etwa 400 °C möglich ist. Dies führt bei einer insgesamt optimistischen Abschätzung zu einem Wirkungsgrad des TEG von etwa 12%.

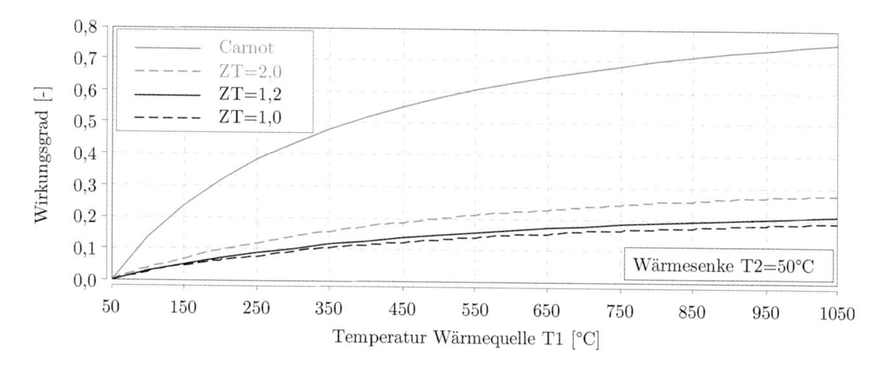

Abbildung 4.4: Wirkungsgrad des thermoelektrischen Generators

Neben dem erreichbaren Wirkungsgrad, ist die Gesamtmasse des Systems von besonderer Bedeutung. Über die Vorauslegung des TEG, unter der Berücksichtigung der Ausnutzung des maximalen Bauraums des Abgaswärmeübertragers, ergibt sich eine elektrische Gesamtleistung von etwa 5 kW bei einem Gewicht von 25 kg.

4.3.2 Clausius-Rankine Prozess

Für die Potentialabschätzung des Clausius-Rankine Prozesses sind eine Vielzahl von Systemauslegungen und Prozessführungen möglich. Dabei ergibt sich eine Querbeeinflussung der verschiedenen Komponenten und des Arbeitsmediums.

Wählt man eine Strömungsmaschine als Expansionsmaschine, so ist ein hoher Volumenstrom des Arbeitsmediums durch diese Maschine vorteilhaft. Dabei ergibt sich der Zielkonflikt, dass mit einem hohen Druck des überhitzten Dampfes einerseits der Prozesswirkungsgrad steigt, sich andererseits jedoch der Wirkungsgrad der Expansionsmaschine verringert. Über die Systemsimulation wird deutlich, dass sich ein CRP mit dem Arbeitsmedium Ethanol, im Vergleich zum Einsatz von Wasser, vorteilhaft für einen hohen Volumenstrom zeigt. Hinsichtlich der Steigung der Sattdampfkurve bieten andere organische Medien Vorteile bei der Expansion. Aufgrund der hohen Temperatur im Abgaswärmeübertrager treten bei diesen Medien erste Zersetzungsprozesse auf, sodass sie nicht genutzt werden können. Da diese Stoffe meist leicht entzündlich sind, ist ein hohes Gefahrenpotential vorhanden. Beide Einschränkungen gelten für das Arbeitsmedium Wasser nicht. Darüber hinaus zeigt es im Vergleich mit anderen Medien bei den vorliegenden Systemtemperaturen ein sehr hohes Wirkungsgradpotential [33]. Da im Langstreckenrennsport die Umgebungstemperaturen immer oberhalb des Gefrierpunktes von Wasser sind, müssen keine weiteren Maßnahmen zum Schutz der Komponenten getroffen werden. Die Expansionsmaschine hat einen wesentlichen Einfluss auf den Prozesswirkungsgrad und das Systemgewicht, deshalb wurde für sie eine umfangreiche Auslegung durchgeführt. Im relevanten Druckbereich zeigt eine zweistufige Gleichdruckturbine das höchste Wirkungsgradpotential. Bei dem zugrunde gelegten Drehzahlniveau von etwa 70000 1/min, lässt sich so über einen direkt angetriebenen Generator ein sehr gutes Leistungsgewicht erreichen.

Für die Wirkungsgradberechnung wurde eine umfangreiche Simulation des Gesamtsystems mit den einzelnen Komponenten sowie dem Abgasstrang des Motors durchgeführt. Dabei erfolgte eine transiente Rennrundensimulation, um die Regelstrategie für den optimalen Wirkungsgrad zu entwerfen. Durch die periodisch auftretenden Schubphasen mit einer geringen Abgaswärmeleistung, zeigt sich eine Regelstrategie mit einer zusätzlichen Abriegelung der Frischdampfleitung zur Turbine in diesen Phasen als zielführend.

Zur Vergleichbarkeit der verschiedenen thermodynamischen Prozesse wird der mittlere Gesamtwirkungsgrad $\bar{\eta}_{\mathrm{CRP}}$ als Nutzleistung, bezüglich der mittleren Abgaswärmeleistung $\bar{P}_{\mathrm{Abg}}$, eingeführt. Er berechnet sich für den CRP mit

$$\bar{\eta}_{\mathrm{CRP}} = \frac{\overline{P}_{\mathrm{T}} - \overline{P}_{\mathrm{SP}}}{\bar{P}_{\mathrm{Abg}}}. \tag{4.2}$$

Aufgrund des Phasenübergangs des Arbeitsmediums ergibt sich der Vorteil, dass es im flüssigen Zustand auf Arbeitsdruck gebracht wird und somit die Leistungsaufnahme der Kesselspeisepumpe relativ gering ist. Der relevante Betriebsbereich ergibt sich über den minimal zulässigen Dampfgehalt nach der Expansion, siehe **Abbildung 4.5**. In diesem Bereich ist der Einfluss einer Temperaturerhöhung auf den mittleren Gesamtwirkungsgrad untergeordnet. Eine Erhöhung des Arbeitsdrucks zeigt sich für den Wirkungsgrad vorteilhaft. Dennoch muss dabei beachtet werden, dass mit einer Druckerhöhung der Volumenstrom vor der Turbine verringert wird, sodass sich hier ein leichter Wirkungsgradnachteil der Komponente ergibt.

Nachteilig zeigt sich, dass beim CRP über den Rückkühler ein hoher Wärmestrom an die Umgebung abgegeben werden muss. Durch den Kondensator ergeben sich negative Rückwirkungen auf das Rennfahrzeug (Aerodynamik, Gewicht), die zu einer Verringerung des Gesamtpotentials führen.

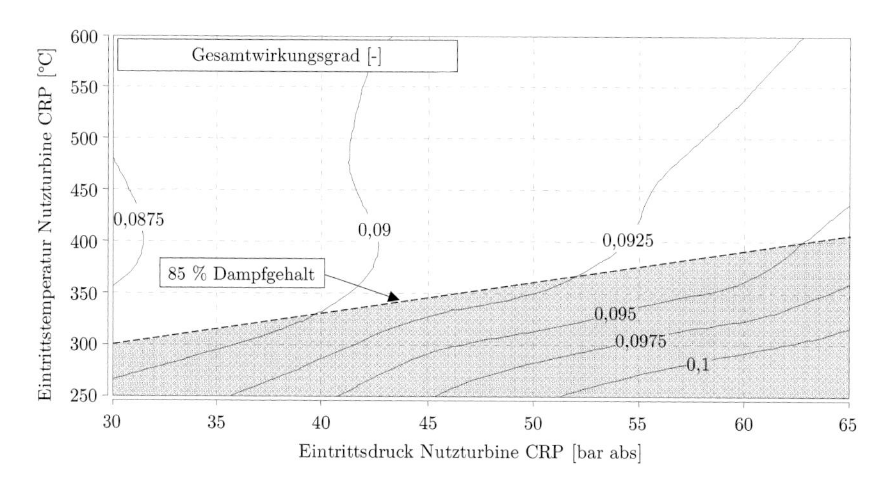

Abbildung 4.5: Gesamtwirkungsgradkennfeld des Clausius-Rankine Prozesses

4.3.3 Joule-Brayton Prozess

Der Prozesswirkungsgrad des JBP wird in der Literatur meist nur als Abhängigkeit vom Druckverhältnis zwischen Arbeitsdruck und Umgebungsdruck sowie dem Isentropenexponenten dargestellt

$$\bar{\eta}_{\mathrm{JBP,theo}} = 1 - \frac{T_4}{T_3} = 1 - \left(\frac{p_1}{p_2}\right)^{\frac{\kappa-1}{\kappa}}. \tag{4.3}$$

Diese Annahme ist jedoch nur für den Idealprozess mit einer isentropen Verdichtung und Expansion zulässig. In Realität lässt sich der optimale Systemdruck p_2, welcher vom Wirkungsgrad des Verdichters und der Turbine abhängt, anhand von Gleichung (5.49) und (5.61) über die Grenzwertbetrachtung

$$T_3 \eta_{\mathrm{T}} \left(\frac{p_1}{p_2}\right)^{\frac{2\kappa-1}{\kappa}} - \frac{T_{\mathrm{U}}}{\eta_{\mathrm{V}}} \left(\frac{p_1}{p_2}\right)^{\frac{1}{\kappa}} = 0 \tag{4.4}$$

bestimmen.

Aus **Abbildung 3.13** wird klar, dass eine hohe Verdichtungsarbeit benötigt wird, welche die effektive Nutzarbeit der Arbeitsturbine stark reduziert. Für einen optimalen Gesamtwirkungsgrad ist eine möglichst hohe Turbineneintrittstemperatur notwendig. Der Gesamtwirkungsgrad des Systems $\bar{\eta}_{\mathrm{JBP}}$ ergibt sich aus der Nutzleistung bezüglich der Abgaswärmeleistung

$$\bar{\eta}_{\mathrm{JBP}} = \frac{\bar{P}_{\mathrm{T}} - \bar{P}_{\mathrm{V}}}{\bar{P}_{\mathrm{Abg}}}. \tag{4.5}$$

Abbildung 4.6 stellt den Gesamtwirkungsgrad des JBP mit realem Verdichter- und Turbinenwirkungsgrad (0,78/0,72) dar. Es zeigt sich, dass ein Arbeitsdruck von 2 bis 3,5 bar abs im relevanten Temperaturbereich optimal ist.

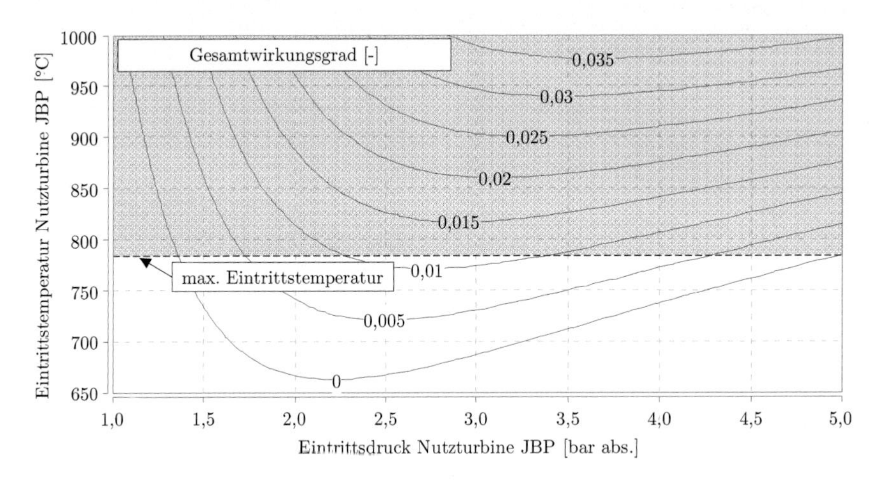

Abbildung 4.6: Gesamtwirkungsgradkennfeld des Joule-Brayton Prozesses

Die Sensitivität des Wirkungsgrades beim JBP ist stark von der maximal erreichbaren Temperatur vor der Arbeitsturbine abhängig. Diese Temperatur variiert in Abhängigkeit vom Motorkonzept und dessen Betriebsart. Weiter hat der maximal zulässige Bauraum für den Abgaswärmetauscher einen Einfluss auf diese Temperatur, sodass hier ein Kompromiss gefunden werden muss.

Eine Optimierung des Wirkungsgrades wäre durch eine zusätzliche Kraftstoffeinspritzung innerhalb des JBP mit anschließender Verbrennung zur weiteren Temperatursteigerung möglich, dies ist jedoch reglementseitig verboten und wird deshalb hier nicht näher betrachtet.

Aufgrund der enormen Sensitivität der Komponenteneigenschaften auf den Systemwirkungsgrad des JBP erfolgte im Rahmen dieser Arbeit eine umfassende Grundlagenuntersuchung des Prozesses zur Validierung der Randbedingungen für die Simulation.

Bei dem Blockheizkraftwerk C30 der Firma Capstone kommt ein JBP mit einem Hochdrehzahlgenerator (96000 1/min) zum Einsatz. Dieses Blockheizkraftwerk basiert im Wesentlichen auf den Komponenten, wie sie in Abschnitt 3.2.6 für den JBP dargestellt sind. Für den Einsatz zur Abgasenergierekuperation musste die Brennkammer durch einen Abgaswärmeübertrager substituiert werden. Dieser Prototyp erreichte dabei im Bestpunkt, bei einer Eintrittstemperatur von über 900 °C, eine elektrische Nutzleistung von bis zu 15 kW. Da diese Temperatur im realen Rennbetrieb durch einen Wärmeübertrager nach der Turbine des Abgasturboladers nicht erreicht wird, ist für den JBP in der Rennsportanwendung von einer geringeren Leistung auszugehen. Eine der größten Herausforderungen für den JBP zur Abgaswärmenutzung ist der Abgaswärmeübertrager, der bei einem geringen Druckverlust gleichzeitig eine hohe Leistungsfähigkeit liefern muss.

4.3.4 Turbocompound-Verfahren

Die wenigsten Systemkomponenten benötigt das Turbocompound-Verfahren. Die elektrische Leistung wird in einem ähnlichen System wie beim JBP erzeugt. Da bei der direkten Kopplung der MGU-H mit dem Turbolader sowohl die Rekuperation von Abgasenergie als auch die elektrische Unterstützung zum verbesserten Ladedruckaufbau ermöglicht wird, erfolgt die nähere Untersuchung anhand dieser Konfiguration.

Der Betriebsmodus Energierekuperation bietet ein hohes Potential zur Wirkungsgradsteigerung. Durch eine Erhöhung des Abgasgegendrucks wird über die Turbine eine größere Enthalpie abgebaut als für den Antrieb des Verdichters benötigt. Diese zusätzliche Energie wird mittels der Motor-/Generatoreinheit (MGU-H) in elektrische Energie gewandelt. Über den elektrischen Fahrantrieb sorgt diese Energie trotz der erhöhten Ladungswechselarbeit, in Abhängigkeit der thermodynamischen Randbedingungen, für zusätzliche Antriebsleistung. Die Grundlage für diese Leistungsbilanz wird nachfolgend anhand des p-V-Diagramms aus **Abbildung 4.7** detailliert beschrieben. Da der Ladungswechsel für die Betrachtung von besonderer Bedeutung ist, wird eine logarithmische Darstellung des Druckverhältnisses auf der Ordinatenachse verwendet. Das Turbocompound-Verfahren wird für diese Analyse in die beiden Teilsysteme Verbrennungsmotor und Turbomaschine untergliedert. Zunächst erfolgt die Untersuchung des Verbrennungsmotors. Aufgrund des intermittierend arbeitenden Hubkolbenmotors ergibt sich der Zusammenhang für die verrichtete Hochdruckarbeit über das Ringintegral nach der UT-UT-Methode zu [110]

$$W_{\mathrm{HD}} = \oint_{UT(0°)}^{UT(360°)} p_{\mathrm{z}} dV_{\mathrm{z}}. \tag{4.6}$$

In der Darstellung entspricht diese Arbeit der Fläche I-III-V-I. Die Ladungswechselarbeit lässt sich über

$$W_{\mathrm{LW}} = \oint_{UT(-360°)}^{UT(0°)} p_{\mathrm{z}} dV_{\mathrm{z}} \tag{4.7}$$

bestimmen.

Da der Turbolader eine Strömungsmaschine ist, lässt sich die verrichtete Arbeit über

$$W_{\mathrm{V,T}} = \int V dp \tag{4.8}$$

berechnen. Die isentrope Turbinenarbeit entspricht der Fläche p4-p3-3-4-p4. Über den polytropen Wirkungsgrad lässt sich die effektive Turbinenarbeit im Diagramm darstellen. Diese Arbeit entspricht der Fläche p4-p3-3n-4n-p4. Anhand dieses Zusammenhangs, lässt sich die Turbinenleistung mit

$$P_{\mathrm{T}} = \dot{m}_{\mathrm{Abg}} R_3 T_3 \frac{\kappa_3}{\kappa_3 - 1} \left[1 - \left(\frac{p_4}{p_3} \right)^{\frac{\kappa_3 - 1}{\kappa_3}} \right] \eta_{\mathrm{T,is}} \tag{4.9}$$

berechnen. Für den freilaufenden Turbolader entspricht im stationären Betriebspunkt die Turbinenleistung der Antriebsleistung des Verdichters

$$\begin{aligned} P_T &= P_V \\ \dot{m}_{\mathrm{Abg}} R_3 T_3 \frac{\kappa_3}{\kappa_3 - 1} \left[1 - \left(\frac{p_4}{p_3} \right)^{\frac{\kappa_3 - 1}{\kappa_3}} \right] \eta_{\mathrm{T,is}} & \\ = \dot{m}_{\mathrm{L}} R_{\mathrm{L}} T_{\mathrm{L}} \frac{\kappa_{\mathrm{L}}}{\kappa_{\mathrm{L}} - 1} \left[\left(\frac{p_2}{p_1} \right)^{\frac{\kappa_{\mathrm{L}} - 1}{\kappa_{\mathrm{L}}}} - 1 \right] \frac{1}{\eta_{\mathrm{V,is}}}. \end{aligned} \tag{4.10}$$

Somit entspricht die Fläche 0-p2-2-1-0 der Fläche p4-p3-3n-4n-p4. Würde der Verdichter isentrop arbeiten, müsste für die Verdichtung der Luft nur die technische Arbeit, entsprechend der Fläche 0-p2-2n-1n-0, verrichtet werden. Durch das Turbocompound-Verfahren wird die Nutzarbeit der Turbine erhöht. Für die analytische Lösung muss die Gleichung aus (4.10) um die elektrisch rekuperierte Leistung erweitert werden. Dadurch ergibt sich

$$P_{\mathrm{ETC}} = P_{\mathrm{T}}' - P_{\mathrm{V}}. \tag{4.11}$$

Mit (4.9) wird (4.11) zu

$$P_{\mathrm{ETC}} = P_{\mathrm{T}}' - P_{\mathrm{V}} = \dot{m}_{\mathrm{Abg}} R_3 T_3 \frac{\kappa_3}{\kappa_3 - 1} \left[\left(\frac{p_4}{p_3} \right)^{\frac{\kappa_3}{\kappa_3 - 1}} - \left(\frac{p_4}{p_3'} \right)^{\frac{\kappa_3}{\kappa_3 - 1}} \right] \eta_{\mathrm{T,is}} \tag{4.12}$$

vereinfacht. Die entsprechende rekuperierte Energie lässt sich anhand der Fläche p3-p3‘-3‘n-3n-p3 darstellen.

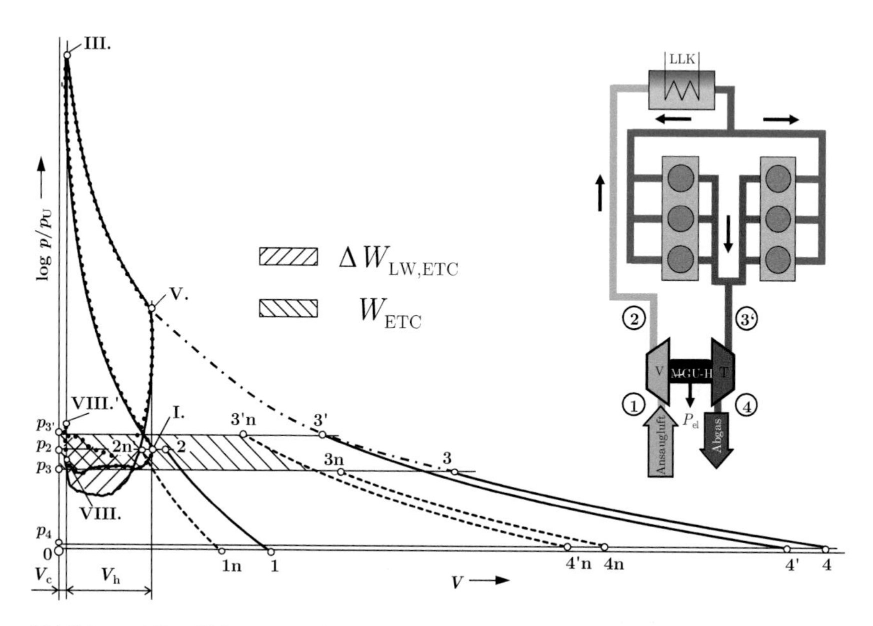

Abbildung 4.7: p-V-Diagramm des Turbocompound-Verfahrens

Aufgrund der Erhöhung des Abgasgegendrucks ergibt sich gleichzeitig eine Verschlechterung des Ladungswechsels am Verbrennungsmotor. Hierbei wird der Ausschiebegrad $\lambda_{\mathrm{a,LW}}$ des Auslassvorgangs eingeführt, welcher als

$$\lambda_{\mathrm{a,LW}} = \frac{\Delta piL}{(\bar{p}_3' - \bar{p}_3)} \tag{4.13}$$

definiert ist. Für den vollkommenen Motor [115] ergibt sich

$$\lambda_{\mathrm{a,LW}} = -1. \tag{4.14}$$

In Realität hängt der Ausschiebegrad maßgeblich von dem Prinzip der Aufladung (Stoßaufladung/Stauaufladung) ab. Bei dem untersuchten Verbrennungsmotor ist besonderer Wert auf eine optimale Gasdynamik in der Abgasstrecke gelegt, sodass der Ausschiebegrad Werte zwischen -0,8 und -0,95 erreicht. In Abschnitt 7.2.3 erfolgt eine detaillierte Betrachtung des Ausschiebegrades am untersuchten Verbrennungsmotor. Unter Vernachlässigung der Rückwirkung des erhöhten Abgasgegendrucks auf die Verbrennung (z.B. Restgasgehalt) ergibt sich der Leistungsverlust des Verbrennungsmotors ausschließlich über die erhöhte Ladungswechselarbeit mit

$$\Delta P_{\mathrm{LW}} = \mathrm{i}V_{\mathrm{H}}n(\bar{p}_3' - \bar{p}_3)\lambda_{\mathrm{a,LW}}. \tag{4.15}$$

Anhand der Gleichungen (4.13) bis (4.15) lässt sich die Erhöhung der Gesamtantriebsleistung mit

$$\Delta P_{\mathrm{ges}} = P_{\mathrm{ETC}} - \Delta P_{\mathrm{LW}} \tag{4.16}$$

berechnen. Um eine bessere Vergleichbarkeit des Turbocompound-Verfahrens mit den anderen Konzepten zur Abgasenergierückgewinnung zu schaffen, wird hier der Gesamtprozesswirkungsgrad $\bar{\eta}_{\mathrm{ETC}}$ als effektive Nutzleistung bezüglich der mittleren Abgaswärmeleistung (nach Turbine)

$$\bar{\eta}_{\mathrm{ETC}} = \frac{\Delta \bar{P}_{\mathrm{ges}}}{\bar{P}_{\mathrm{Abg}}} = \frac{\bar{P}_{\mathrm{ETC}} - \Delta \bar{P}_{\mathrm{LW}}}{\bar{P}_{\mathrm{Abg}}} \tag{4.17}$$

über eine Berechnung mit konstanten Randbedingungen für Turbinenwirkungsgrad $\eta_{\mathrm{T,is}} = 0{,}72$ und Ausschiebegrad $\lambda_{\mathrm{a,LW}} = 0{,}9$ ausgewertet. In **Abbildung 4.8** zeigt sich, wie auch für den JBP, eine hohe Sensitivität des Gesamtwirkungsgrades auf die Turbineneintrittstemperatur.

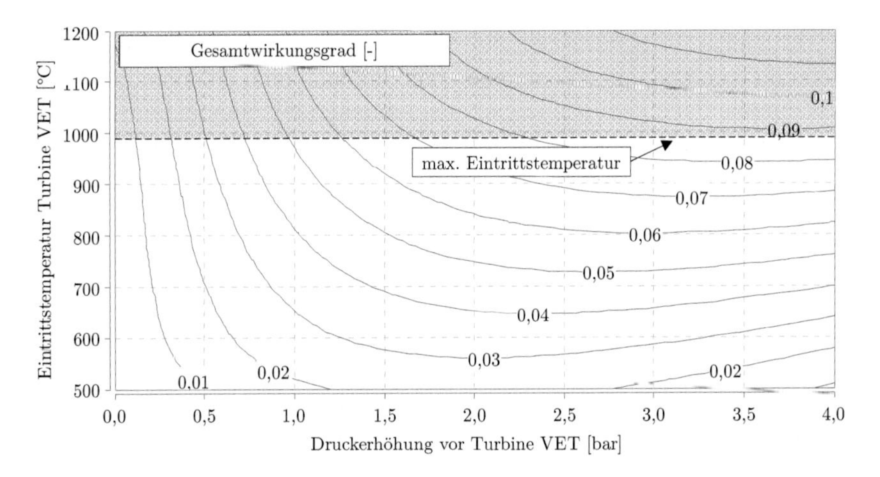

Abbildung 4.8: Gesamtwirkungsgradkennfeld des Turbocompound-Verfahrens

Im Unterschied zu den vorherigen Konzepten, in denen die Temperatur vor der Arbeitsturbine des HERS relevant ist und somit von der Temperatur nach dem Abgasturbolader (T_4) abhängt, ist beim ETC die wesentlich höhere Temperatur vor der Abgasturbine (T_3) entscheidend und im Diagramm dargestellt. Unter den Randbedingungen des R18 e-tron quattro des Jahres 2012 ergibt sich im dargestellten Temperaturbereich trotz der Erhöhung der Ladungswechselarbeit eine positive Gesamtbilanz.

Zusätzlich besteht die Möglichkeit, den Turbolader für den verbesserten Ladedruckaufbau elektrisch zu unterstützen. Dabei wird während Betriebsphasen, in denen ein zu geringes Abgasenthalpieangebot für einen schnellen Ladedruckaufbau vorhanden ist, der Rotor des Turboladers elektrisch beschleunigt. Hierdurch ergibt sich ein wesentlich schnellerer Ladedruckaufbau und in direkter Folge eine höhere Abgasenthalpie, sodass es dem Fahrer am Kurvenausgang möglich ist, das Fahrzeug mit vollem Ladedruck zu beschleunigen. Dies führt zusätzlich zu Verbrauchsvorteilen, da der Gesamtmotor auch unter Berücksichtigung der transienten Randbedingungen nach einer Schubphase frühzeitig im Auslegungspunkt betrieben wird.

4.4 Evaluation der verschiedenen Systeme

Im vorherigen Kapitel wurde die Sensitivität des Gesamtwirkungsgrades der verschiedenen Konzepte aufgezeigt. In **Abbildung 4.9** ist das Ergebnis der Auslegung der relevanten Abgasenergierückgewinnungssysteme für den R18 e-tron quattro dargestellt und deren Potential unter Berücksichtigung der verschiedenen Bewertungskriterien evaluiert. Dabei wurden nur die Systeme analysiert, die direkt über den elektrischen Fahrzeugantrieb Leistung einspeisen können.

Der thermoelektrische Generator bietet aufgrund der nicht bewegten Bauteile Vorteile bezüglich der Haltbarkeit. Zusätzlich ist bei diesem System von einem sehr niedrigen Gefahrenpotential in der Rennsportanwendung auszugehen. Dennoch schneidet der TEG im Vergleich zu den anderen Konzepten am schlechtesten ab. Ein wesentlicher Grund hierfür ist der schlechte Gesamtwirkungsgrad der Materialien für die Nutzung des Seebeck-Effekts. Die direkte Folge ist eine hohe Systemmasse und der negative Einfluss auf die Aerodynamik durch die notwendige Kühlleistung der Wärmesenke. Der Clausius-Rankine Prozess zeigt einen sehr guten Gesamtwirkungsgrad. Er hat im relevanten Betriebsbereich eine geringe Sensitivität auf die maximal erreichbare Temperatur und ist somit auch für Verbrennungsmotoren mit niedriger Abgastemperatur geeignet. Dennoch ergeben sich Nachteile aufgrund der hohen Masse der Systemkomponenten und der Systemkomplexität. Der negative Einfluss auf die Aerodynamik des Rennfahrzeugs ist durch die hohe Durchschnittsgeschwindigkeit in Le Mans besonders schwerwiegend. Dieser Nachteil ist beim offenen Joule-Brayton Prozess nicht vorhanden. Da dessen Leistungsfähigkeit jedoch enorm von der maximal übertragbaren Temperatur aus dem Abgaswärmeübertrager und damit von der Temperatur nach dem Abgasturbolader abhängt, ist der Wirkungsgrad des JBP für den vorgestellten Motor sehr niedrig. Weiter schlagen die Masse und der große Bauraum des Abgas-/Luftwärmeübertragers negativ zu Buche. Das elektrische Turbocompound-Verfahren zeigt sich für den untersuchten Höchstleistungs-Dieselmotor mit

Abstand am geeignetsten. Trotz des negativen Einflusses auf den Ladungswechsel des Verbrennungsmotors, ergibt sich aufgrund der thermodynamischen Randbedingungen ein hohes Effizienzpotential. Da beim ETC kein Abgaswärmeübertrager notwendig ist, ergibt sich auch für die Gewichtsbilanz ein Vorteil. Weitere Verbesserungsmöglichkeiten bietet ein wirkungsgradoptimierter Turbolader.

	TEG	CRP	JPB	ETC	Gewichtung
Masse	- -	- -	-	+	**8**
Leistungsgewicht	- -	+	- -	++	**10**
Haltbarkeit	++	0	0	0	**1**
Bauraum	-	-	-	0	**2**
Einfluss Aerodynamik	- -	- -	+	+	**10**
Gesamtwirkungsgrad	- -	++	-	+	**13**
Technologisches Risiko	+	-	0	0	**7**
Gefahrenpotential (Aufwand zur Risikominimierung)	++	-	0	0	**5**
Summe +	5	3	1	5	
Summe -	9	7	5	0	
Gewichtete Summe +	19	36	10	51	
Gewichtete Summe -	84	50	43	0	
Gesamt	**-65**	**-14**	**-33**	**51**	

Abbildung 4.9: Bewertung der Abgasenergierückgewinnungssysteme unter rennsportspezifischen Randbedingungen

Ein noch höheres Potential des ETC ist für Ottomotoren unter hoher Last, mit daraus folgend hohen Abgastemperaturen, zu erwarten. Um einen möglichst geringen Einfluss auf den Ladungswechsel zu erreichen, ist eine Optimierung des Abgasstranges erforderlich. Ein wichtiger Schritt ist dabei die ideale Nutzung der Gasdynamik während des Auslassvorgangs. Anhand des eingeführten Ausschiebegrades $\lambda_{a,LW}$, können hierzu die Verbesserungen analysiert und bewertet werden. Darüber hinaus ist ein geringer Gegendruck nach dem Abgasturbolader vorteilhaft, sodass ein hohes Druckverhältnis über die Abgasturbine nutzbar wird.

5 Modellbildung und Simulation des Turbocompound-Verfahrens

Die Untersuchung der verschiedenen Systeme zur Abgasenergierückgewinnung erfordert aufgrund der Variantenvielfalt in ihren möglichen Ausführungsformen einen hohen Aufwand. Ein wesentliches Ziel der Vorausberechnung besteht darin, die grundlegenden Wirkmechanismen und Sensitivitäten der Prozesse simulativ zu bewerten. Hierdurch wird für die experimentelle Untersuchung eine Vorauslegung durchgeführt. Die kontinuierlich steigende Rechnerkapazität der letzten Jahre ermöglicht die Abbildung komplexer Simulationsmodelle mit einem hohen Detaillierungsgrad. Die stetige Weiterentwicklung der Simulationswerkzeuge hilft dabei, physikalische und chemische Zusammenhänge über mathematische Modelle zu beschreiben. Über die experimentelle Validierung dieser Teilmodelle wird die Vorausberechnung ähnlicher Systeme möglich.

5.1 Thermodynamische und strömungsmechanische Grundlagen

Aufgrund der hohen Komplexität des Arbeitsprozesses der Verbrennungskraftmaschine mit den Teilsystemen Brennraum, Einlass- und Auslasssystem sowie Abgasturboaufladung ist es nicht möglich, die einzelnen physikalischen und chemischen Vorgänge exakt zu berechnen. Deshalb kommen je nach Problemstellung unterschiedliche Ansätze zur Modellierung zum Einsatz [79]:

- Phänomenologische Modelle
- Physikalische Modelle
- Ein- oder mehrdimensionale Ansätze
- Nulldimensionale Modelle
- Quasidimensionale Ansätze

Phänomenologische Modelle beruhen auf empirischen oder auch halbempirischen Zusammenhängen. Für die Berechnung ist es erforderlich, entsprechende Beiwerte in Abhängigkeit der Randbedingungen anzunehmen. Für die Bestimmung der Beiwerte sind zahlreiche experimentelle Untersuchung notwendig. Je genauer die Sensitivitäten bekannt sind, desto besser kann die Vorhersage für ähnliche Systeme erfolgen.

Dagegen nutzen physikalische Modelle allgemeingültige physikalische Gesetzmäßigkeiten. Hierzu ist es erforderlich, die Randbedingungen exakt beschreiben zu können. Es ist nicht zweckmäßig, den Arbeitsprozess gesamtheitlich über physikalische Modelle abzubilden. Dies ist einerseits über die hohe Rechendauer mit zunehmender örtlicher und zeitlicher Diskretisierung, andererseits mit der noch nicht vollumfänglichen Beschreibung der chemischen und physikalischen Vorgänge zu begründen.

Mit Hilfe von ein- oder mehrdimensionalen Ansätzen wird die örtliche Variabilität der Zustandsgrößen berücksichtig. Für komplexe mehrdimensionale Strömungsfelder, wie sie beispielsweise an Strömungsmaschinen auftreten, sind zur genauen Beschreibung mehrdimensionale strömungsdynamische Modelle eingesetzt. Zur Berechnung einfacher Rohrströmungen werden eindimensionale Modelle angewendet.

Vorgänge, in denen nur die zeitliche Variabilität der Zustandsgrößen berücksichtigt wird, sind über nulldimensionale Modelle abgebildet. Dieser Ansatz ist vor allem bei der Berechnung innerhalb der Systemgrenze Brennraum weit verbreitet. Dabei kommen sowohl Einzonenmodelle, in denen der Brennraum mit homogenen Stoffeigenschaften betrachtet wird, als auch Mehrzonenmodelle zum Einsatz. Mehrzonenmodelle erlauben es, den Brennraum in Bereiche mit unterschiedlichen Stoffeigenschaften zu unterteilen. Dies ermöglicht die Untergliederung der Stoffeigenschaften für die Zonen mit unverbranntem und verbranntem Gas.

Quasidimensionale Ansätze verwenden für lokal auftretende komplexe Vorgänge ortsabhängige Modelle, während einfach zu beschreibende Vorgänge über nulldimensionale Modelle berechnet werden. Hierdurch ist es möglich, den Arbeitsprozess je nach Komplexität bedarfsgerecht zu berechnen. Das Ziel ist, mit möglichst geringem Rechenaufwand die Realität ausreichend vorauszuberechnen [44,70,79].

5.1.1 Verbrennungsmotor

Die Simulation des Teilsystems Verbrennungsmotor ist für den Arbeitsprozess des Turbocompound-Verfahrens von besondere Bedeutung. Die Beschreibung des Brennraums erfolgt als thermodynamisches System [90]. Über die Brennraumwand, den Kolbenboden und den Zylinderkopf mitsamt den Ladungswechselorganen ziehen sich dabei die Grenzen. Das System Brennraum wird in homogene Zonen unterteilt. Die Stoffeigenschaften sind innerhalb dieser Grenzen homogen und unterliegen lediglich einer zeitlichen Änderung. In **Abbildung 5.1** ist das Einzonenmodell des Brennraums dargestellt. Die Modellbildung erfolgt unter Berücksichtigung der Erhaltungssätze für Masse und Energie sowie der thermischen Zustandsgleichung [79]. Für den Verbrennungsmotor wird das allgemeingültige Kontinuitätsgesetz der Masse in differentieller Form bezogen auf den Kurbelwinkel zu

$$\frac{dm_{\mathrm{Z}}}{d\varphi} = \frac{dm_{\mathrm{e}}}{d\varphi} + \frac{dm_{\mathrm{a}}}{d\varphi} + \frac{dm_{\mathrm{B}}}{d\varphi} + \frac{dm_{\mathrm{l}}}{d\varphi}. \tag{5.1}$$

Beim direkteinspritzenden Dieselmotor setzt sich die Arbeitsgasmasse im Brennraum aus der im Ladungswechsel einströmenden Masse m_e und ausströmenden Masse m_a sowie der im Hochdruckteil des Arbeitsspiels eingespritzten Kraftstoffmasse m_B zusammen. Zusätzlich muss noch die Leckagemasse m_l, welche insbesondere im Hochdruckteil über die Kolbenringe in das Kurbelgehäuse abströmt, berücksichtigt werden. Für einen luftmassebegrenzten Rennmotor ist es besonders wichtig, dass diese Leckagemasse möglichst gering ausfällt, damit möglichst viel Frischluft der Verbrennung zur Verfügung steht.

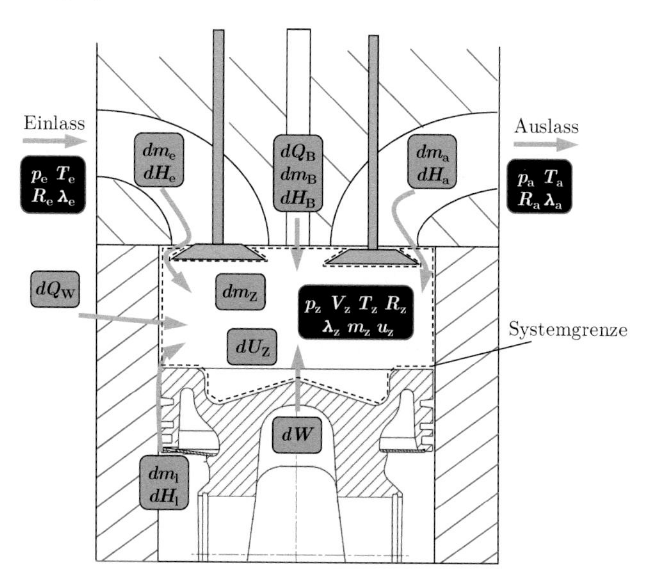

Abbildung 5.1: Einzonenmodell für das System Brennraum [70]

Die Bilanzierung der Energietransporte über den Brennraum erfolgt über den 1. Hauptsatz der Thermodynamik für instationäre offene Systeme unter Vernachlässigung der kinetischen Energie. Bezogen auf den Kurbelwinkel ergibt sich in differentieller Schreibweise diese Energieerhaltungsgleichung zu

$$\begin{aligned}\frac{dU_\mathrm{Z}}{d\varphi} = \frac{dQ_\mathrm{B}}{d\varphi} + \frac{dQ_\mathrm{W}}{d\varphi} + \frac{dQ_\mathrm{verd}}{d\varphi} + h_\mathrm{e}\frac{dm_\mathrm{e}}{d\varphi} + h_\mathrm{a}\frac{dm_\mathrm{a}}{d\varphi} + h_\mathrm{B}\frac{dm_\mathrm{B}}{d\varphi} + h_\mathrm{l}\frac{dm_\mathrm{l}}{d\varphi} \\ - p_\mathrm{Z}\frac{dV_\mathrm{Z}}{d\varphi}\end{aligned} \tag{5.2}$$

mit

$\frac{dU_{\mathrm{Z}}}{d\varphi}$ = Änderung der inneren Energie,

$\frac{dQ_{\mathrm{B}}}{d\varphi}$ = Brennverlauf (Freisetzung chemisch gebundener Energie),

$\frac{dQ_{\mathrm{W}}}{d\varphi}$ = abgeführte Wandwärme,

$\frac{dQ_{\mathrm{verd}}}{d\varphi}$ = Wärmezufuhr bis zur Verdampfung des Kraftstoffs,

$h_{\mathrm{e}}\frac{dm_{\mathrm{e}}}{d\varphi}$ = Enthalpiestrom der einströmenden Masse,

$h_{\mathrm{a}}\frac{dm_{\mathrm{a}}}{d\varphi}$ = Enthalpiestrom der ausströmenden Masse,

$h_{\mathrm{B}}\frac{dm_{\mathrm{B}}}{d\varphi}$ = Enthalpiestrom der eingespritzten Kraftstoffmasse,

$h_{\mathrm{l}}\frac{dm_{\mathrm{l}}}{d\varphi}$ = Enthalpiestrom der Leckage und

$p_{\mathrm{Z}}\frac{dV_{\mathrm{Z}}}{d\varphi}$ = Term der Volumenänderungsarbeit.

Zur Lösung der Massen- und Energiebilanz ist die thermische Zustandsgleichung für ideale Gase [22]

$$pV = mRT, \tag{5.3}$$

in differentieller Form nach dem Kurbelwinkel abgeleitet, für das thermodynamische System Brennraum

$$p_{\mathrm{Z}}\frac{dV_{\mathrm{Z}}}{d\varphi} + V_{\mathrm{Z}}\frac{dp_{\mathrm{Z}}}{d\varphi} = m_{\mathrm{Z}}R\frac{dT_{\mathrm{Z}}}{d\varphi} + m_{\mathrm{Z}}T_{\mathrm{Z}}\frac{dR}{d\varphi} + RT_{\mathrm{Z}}\frac{dm_{\mathrm{Z}}}{d\varphi} \tag{5.4}$$

vonnöten.

Für die jeweiligen Zonen werden homogene Mischungsverhältnisse des Verbrennungsgases mit entsprechendem Luftverhältnis λ_{VG} gebildet. Für die individuelle Gaskonstante R und die spezifische innere Energie u gelten die Abhängigkeiten [79]

$$R = f(\lambda_{\mathrm{VG}}, p_{\mathrm{Z}}, T_{\mathrm{Z}}), \tag{5.5}$$

$$u = f(\lambda_{\mathrm{VG}}, p_{\mathrm{Z}}, T_{\mathrm{Z}}). \tag{5.6}$$

Die möglichst genaue Beschreibung der Kalorik bei vertretbarem Rechenaufwand ist für die Qualität der Arbeitsprozessrechnung entscheidend. Während 1938 die Stoffeigenschaften über empirische Polynomansätze beschrieben wurden [59], veröffentlichte Zacharias 1966 erstmals einen Ansatz, bei dem die Stoffgrößen der einzelnen Spezies eingesetzt und anschließend über die Mischungsregel die Stoffgröße des gesamten

Gasgemisches berechnet wird [113]. Dieser Komponentenansatz zur Bestimmung der Kalorik muss für die bei der Verbrennung auftretenden Spezies angewendet werden. Da bei der Verbrennung über 1000 verschiedene chemische Spezies auftreten [107], beschränkt man sich in den modernen Komponentenansätzen auf die entscheidenden Spezies [16,31,44,51].

Die Berechnung der zeitlichen Freisetzung der chemisch gebundenen Energie erfolgt über den Brennverlauf. In der Arbeitsprozessrechnung werden Ersatzbrennverläufe definiert, welche eine möglichst exakte mathematische Beschreibung des Brennstoffmassenumsatzes zulassen. Für die transiente Rennrundensimulation werden einfache Vibe Ersatzbrennverläufe in Verbindung mit dem Einzonenmodell verwendet [102]. Dabei sind die drei Vibe-Parameter

- Brennbeginn,
- Brenndauer sowie
- Formparameter

zu definieren und anhand von realen Messdaten über die Druckverlaufsanalyse zu optimieren. Für die Vorausberechnung sowie die Detailanalyse unterschiedlicher Betriebspunkte erfolgt die Brennverlaufsberechnung anhand komplexerer Verbrennungsmodelle [7,71,83]. In dem eingesetzten phänomenologischen Verbrennungsmodell wird die Vor- und Haupteinspritzung mit der jeweiligen Einspritzrate und dem Zündverzug zu Grunde gelegt [45,83,84]. Über die Quasidimensionale Berechnung dieses phänomenologischen Verbrennungsmodells können mit vertretbarem Rechenaufwand sowohl sehr genaue Vorausberechnungen als auch Druckverlaufsanalysen, wie in Abschnitt 8.1 vorgestellt, erfolgen.

Für die Berechnung des Wandwärmeübergangs werden phänomenologische Modelle, welche auf dem Newtonschen Ansatz beruhen

$$dQ_{\mathrm{W}} = \alpha A_{\mathrm{Br}}(T_{\mathrm{Z}} - T_{\mathrm{W}}), \tag{5.7}$$

verwendet. Da diesen Modellen empirische Zusammenhänge zu Grunde gelegt sind, ergeben sich je nach Brennverfahren unterschiedliche Wandwärmeübergangsmodelle als zweckmäßig [11,50,53,111]. Für die Ein- und Auslasskanäle erfolgt die Berechnung der Wärmeübergänge nach Zapf [114].

Zur numerischen Strömungssimulation werden die Navier-Stokes-Gleichungen des dreidimensionalen Strömungsfeldes verwendet. Hierzu ist es erforderlich, die Kontinuitätsgleichung orts- und zeitabhängig zu formulieren

$$\rho\left(\frac{\partial}{\partial t} + c_i \frac{\partial}{\partial x_i}\right) = 0. \tag{5.8}$$

Mit Hilfe dieser Formulierung lautet die Impulsgleichung (Navier-Stokes-Gleichung) für den allgemeinen Fall [71]

$$\rho c_i \left(\frac{\partial}{\partial t} + c_j \frac{\partial}{\partial x_j} \right) = f_i - \frac{\partial p}{\partial x_i} + \frac{\partial \tau_{ij}}{\partial x_j} \tag{5.9}$$

mit der äußeren Kraftdichte f_i und dem viskosen Spannungstensor

$$\tau_{ij} = \mu \left(\frac{\partial c_i}{\partial x_j} + \frac{\partial c_j}{\partial x_i} \right) + \xi \delta_{ij} \frac{\partial c_j}{\partial x_j}. \tag{5.10}$$

Dabei entsprechen μ dem 1. und ξ dem 2. Zähigkeitskoeffizienten [107,109].

Neben der komplexen dreidimensionalen Strömungsberechnung existieren für viele Teilsysteme des Verbrennungsmotors vereinfachte Modelle. Die Berechnung von Drosselstellen beruht auf empirisch bestimmten Durchflussbeiwerten

$$\alpha_{\mathrm{K}} = \frac{\dot{m}_{\mathrm{tats}}}{\dot{m}_{\mathrm{theo}}}, \tag{5.11}$$

welche die Einschnürung und die Reibung der Strömung berücksichtigen. An der Drosselstelle wird keine Arbeit verrichtet und es wird vorausgesetzt, dass die Strömung adiabat verläuft. Mit dieser Vereinfachung lässt sich der theoretische Massenstrom

$$\dot{m}_{\mathrm{theo}} = A_1 \sqrt{\rho_1 p_1} \Psi \tag{5.12}$$

mit der Durchflussfunktion

$$\Psi = \sqrt{\frac{2\kappa}{\kappa - 1} \left[\left(\frac{p_2}{p_1} \right)^{\frac{2}{\kappa}} - \left(\frac{p_2}{p_1} \right)^{\frac{\kappa+1}{\kappa}} \right]} \tag{5.13}$$

unter Berücksichtigung des 1. Hauptsatzes für stationär durchströmte Systeme (5.18) und der Kontinuitätsgleichung bestimmen [71].

5.1.2 Abgasturbolader

Neben dem Teilsystem Verbrennungsmotor ergibt sich die Abgasturboaufladung als zusätzliches thermodynamisches System beim Turbocompound-Verfahren. Aufgrund der Annahme einer stationären Durchströmung der thermischen Turbomaschine

$$\frac{dm_{\mathrm{e}}}{d\varphi} = \frac{dm_{\mathrm{a}}}{d\varphi} = \frac{dm}{d\varphi} \tag{5.14}$$

wird keine Energie im System gespeichert, sodass die innere Energie innerhalb der Systemgrenze konstant angenommen werden darf [18]. Über die spezifische Enthalpie h wird die spezifische innere Energie u und die Volumenänderungsarbeit pv zusammengefasst

$$h = u + pv. \tag{5.15}$$

Anhand der Definition der Totalenthalpie h_{t} erfolgt die Berücksichtigung der potentiellen Energie und der kinetischen Energie [97]

$$h_{\mathrm{t}} = h + gz + \frac{c^2}{2}. \tag{5.16}$$

Die potentielle Energie ist aufgrund der zu vernachlässigenden Gewichtskraft der Gase nicht relevant [98]. Somit ergibt sich für thermische Turbomaschinen die Totalenthalpie als

$$h_{\mathrm{t}} = h + \frac{c^2}{2}. \tag{5.17}$$

Unter Berücksichtigung der Gleichungen (5.14) und (5.17) wird der Energieerhaltungssatz für thermische Turbomaschinen nach dem 1. Hauptsatz der Thermodynamik in differentieller Schreibweise zu

$$\frac{dW_{\mathrm{tech}}}{d\varphi} + \frac{dQ_{\mathrm{W}}}{d\varphi} = h_{\mathrm{t,e}}\frac{dm}{d\varphi} - h_{\mathrm{t,a}}\frac{dm}{d\varphi} \tag{5.18}$$

mit

$\frac{dW_{\mathrm{tech}}}{d\varphi}$ = Wellenleistung über die Systemgrenze,

$\frac{dQ_{\mathrm{W}}}{d\varphi}$ = Wärmestrom über die Systemgrenze (diabate Betrachtung),

$h_{\mathrm{t,e}}\frac{dm}{d\varphi}$ = Enthalpiestrom der einströmenden Masse,

$h_{\mathrm{t,a}}\frac{dm}{d\varphi}$ = Enthalpiestrom der ausströmenden Masse.

Als Zeiteinheit ist dabei der Kurbelwinkel gewählt, da das Simulationsmodell sowohl für die Berechnung des Verbrennungszylinders als auch für sonstige Teilsysteme das gleiche Zeitintervall verwendet.

Mit der Definition der Leistung als Arbeit pro Zeiteinheit wird Gleichung (5.18) zu

$$P + \dot{Q}_{\mathrm{W}} = \dot{m}(h_{\mathrm{t,e}} - h_{\mathrm{t,a}}) = \dot{m}\Delta h_{\mathrm{t,e,a}}. \tag{5.19}$$

Für die adiabate Betrachtung des Verdichters und der Turbinen wird $\dot{Q}_{\mathrm{W}}$ vernachlässigt. Neben dem Energieerhaltungssatz nach dem 1. Hauptsatz der Thermodynamik muss für die Detailanalyse der thermischen Turbomaschinen zusätzlich die Gibbssche Fundamentalgleichung

$$dh = Tds + vdp = dw + dq + dj \tag{5.20}$$

eingeführt werden [38]. Über Differenzierung der Gleichung (5.15) und anschließendem Einsetzen in (5.20) ergibt sich

$$du = Tds - pdv. \tag{5.21}$$

Die in der Gibbsschen Fundamentalgleichung eingeführte thermodynamische Zustandsgröße Entropie s wird von Clausius im Jahr 1865 als Maß für die Irreversibilität eines thermodynamischen Prozesses definiert [18].

Über die Integration von Gleichung (5.20) längs des Strömungswegs des Fluides vom Eintritt in die Turbomaschine bis zum Austritt ergibt sich

$$h_\mathrm{a} - h_\mathrm{e} = \int_e^a Tds + \int_e^a vdp = dw + dq + dj \tag{5.22}$$

mit

$$dw = \int_e^a vdp \qquad = \text{spezifische Strömungsarbeit,}$$
$$dq = \int_e^a (Tds)_\mathrm{rev} \qquad = \text{spezifische Wärmeenergie,}$$
$$dj = \int_e^a (Tds)_\mathrm{irr} \qquad = \text{spezifische Dissipation.}$$

Die spezifische Wärmeenergie dq entspricht dabei dem Wärmefluss über die Systemgrenzen hinweg, dagegen entsteht die spezifische Dissipation dj innerhalb der Systemgrenze durch irreversible Umwandlung von Reibung in Wärme.

Mit Hilfe der Gibbsschen Fundamentalgleichung ergibt sich der 2. Hauptsatz der Thermodynamik [20]

$$w_\mathrm{tech} = w + j + \frac{1}{2}(c_a^2 - c_e^2) = w_\mathrm{t} + j = \frac{P}{\dot{m}} \tag{5.23}$$

mit

$$w_\mathrm{t} = w + \tfrac{1}{2}(c_a^2 - c_e^2) = \text{totale spezifische Strömungsarbeit.}$$

Die spezifische technische Arbeit w_tech untergliedert sich dabei in die wegabhängige Druckänderungsarbeit (spezifische Strömungsarbeit), die Änderung der kinetischen Energie und die irreversible Entropieerzeugung (spezifische Dissipation). Aufgrund der zu vernachlässigenden Gewichtskraft des Fluides von Turbomaschinen ist die potentielle Energie nicht berücksichtigt. Anhand der T-s-Diagramme aus **Abbildung 5.2** lassen sich die Energien als Flächen darstellen. Der Verdichtungsprozess von 1 nach 2 ist in (a) abgebildet. Die verlustlose Verdichtung $h_{1,2,\mathrm{s}}$ würde der Fläche

1.1.'4.a.b.1. entsprechen. Die Fläche 2.4.a.c.2. bildet dagegen die tatsächliche Enthalpieänderung $h_{1,2}$ ab. Die spezifische Strömungsarbeit w spiegelt sich in der Fläche 1.2.4.a.b.1. und die Dissipation j in der Fläche 1.2.c.b.1. wider. Der Erhitzungsverlust zeigt sich in der Fläche 1.1.'2.1..

Die Expansion, wie sie beim Abgasturbolader in der Turbine stattfindet, ist in **Abbildung 5.2** (b) dargestellt. Hier entspricht die Fläche 1.4.a.c.1. der Enthalpieänderung bei verlustloser Expansion $h_{1,2,s}$. Die Enthalpieänderung der realen polytropen Expansion $h_{1,2}$ ist anhand der Fläche 1.3.b.c.1. dargestellt. In Fläche 1.2.d.b.3.1. ist die spezifische Strömungsarbeit w und in Fläche 1.2.d.c.1. die Dissipation j abgebildet. Über die verlustbehaftete Strömung ergibt sich eine Wärmerückgewinnung, welche der Fläche 1.2.1.'1. entspricht.

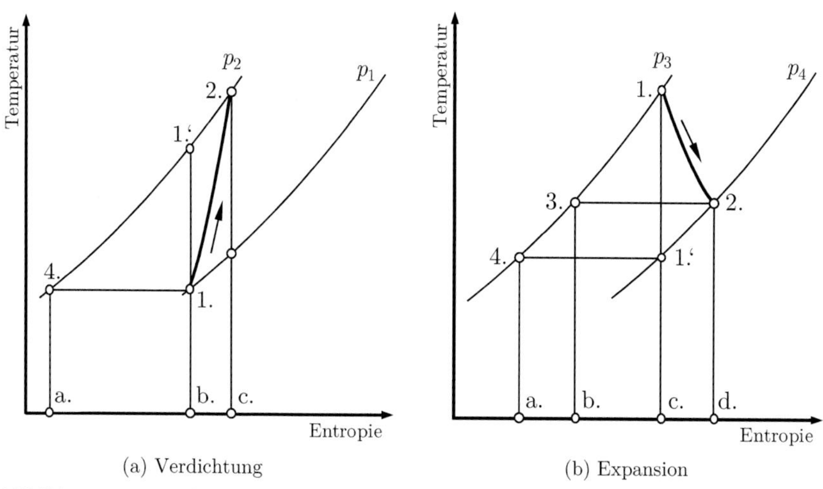

(a) Verdichtung (b) Expansion

Abbildung 5.2: T-s-Diagramm adiabater thermischer Turbomaschinen

Die Grundauslegung thermischer Turbomaschinen erfolgt über vereinfachte strömungsmechanische Zusammenhänge. Dabei wird die Reibung und die Wärmeleitung des Fluides vernachlässigt, sodass die Impulsgleichung (5.9) wesentlich vereinfacht wird. Daraus ergibt sich die Eulersche Gleichung

$$\rho \left(\frac{\partial}{\partial t} + c_j \frac{\partial}{\partial x_j} \right) c_i = -\frac{\partial p}{\partial x_i} + f_i. \tag{5.24}$$

Diese Gleichung lässt sich auf die Energieumwandlung am Laufrad anwenden. Der daraus folgende Drallsatz

$$M = \frac{\dot{m} w_{\text{tech}}}{\omega} = \dot{m}\left(\frac{D_2}{2} c_{2u} - \frac{D_1}{2} c_{1u}\right) \tag{5.25}$$

besagt, dass unter idealisierten Annahmen das Drehmoment der Turbomaschine der Differenz der Drallströme am Ein- und Austritt des Laufrades entspricht. In **Abbildung 5.3** (a) sind die Geschwindigkeitsdreiecke für das Turbinenrad dargestellt. Aus dem Geschwindigkeitsdreieck folgt

$$\vec{c} = \vec{u} + \vec{w}, \tag{5.26}$$

wobei

$\vec{c}$ = die Absolutgeschwindigkeit,
$\vec{u}$ = die Umfangsgeschwindigkeit und
$\vec{w}$ = die Relativgeschwindigkeit im bewegten System

ist. Anhand des Zusammenhangs für die Umfangsgeschwindigkeit

$$u = r\omega = \frac{D}{2}\omega \tag{5.27}$$

lässt sich Gleichung (5.25) umformen und die übertragene Leistung mit

$$P = M\omega = \dot{m}(u_2 c_{2u} - u_1 c_{1u}) = \frac{\dot{m}}{2}[(c_2^2 - c_1^2) + (u_2^2 - u_1^2) + (w_1^2 - w_2^2)] \tag{5.28}$$

bestimmen. Dabei entspricht

$\frac{c_2^2 - c_1^2}{2}$ = der Änderung der kinetischen Energie der Absolutströmung,
$\frac{u_2^2 - u_1^2}{2}$ = der Wirkung des Zentrifugalfeldes auf die Strömung und
$\frac{w_1^2 - w_2^2}{2}$ = der Änderung der kinetischen Energie der Relativströmung.

Der Massenstrom durch den Verdichter ist neben der geometrischen Auslegung (Raddurchmesser, Trim, A/R-Verhältnis) von der Turboladerdrehzahl und den thermodynamischen Randbedingungen am Eintritt und Austritt des Verdichters abhängig. Das Turbinenschluckvermögen wird hingegen kaum von der Turboladerdrehzahl beeinflusst. Zur Berechnung des Massenstroms durch die Turbine wird der Turbinendurchflussbeiwert

$$\alpha_{\text{T}} = \frac{A_{\text{T,eff}}}{A_{\text{T}}} \tag{5.29}$$

gebildet. Unter Berücksichtigung der Durchflussfunktion aus Gleichung (5.13) und der thermischen Zustandsgleichung für ideale Gase (5.3) ergibt sich somit der Turbinenmassenstrom zu

$$\dot{m}_{\mathrm{T}} = \alpha_{\mathrm{T}} A_{\mathrm{T}} \sqrt{\rho_1 p_1} \Psi = \alpha_{\mathrm{T}} A_{\mathrm{T}} p_1 \sqrt{\frac{1}{RT_1}} \Psi. \tag{5.30}$$

Der zu Grunde gelegte Turbolader des Audi R18 e-tron quattro verfügt über einen VTG-Mechanismus. Durch den verstellbaren Leitapparat ist eine Variation des effektiven Turbinenquerschnitts möglich. Hierdurch wird das Enthalpiegefälle, welches über die Turbine in technische Arbeit gewandelt wird, bedarfsgerecht eingestellt. Bei kleinem Luftdurchsatz des Verbrennungsmotors wird der Leitapparat geschlossen, sodass über die Abgasgegendruckerhöhung eine größere Enthalpie für den Ladedruckaufbau zur Verfügung steht. Mit steigender Motordrehzahl ergibt sich ein größeres Schluckvermögen des Motors, sodass der VTG-Mechanismus eine geöffnete Position einnimmt. Dabei wird der Abgasgegendruck reduziert und in direkter Folge die Ladungswechselschleife des Verbrennungsmotors verbessert. Neben der Beeinflussung des effektiven Turbinenquerschnitts ergibt sich durch die Verstellung des Leitapparates, wie in **Abbildung 5.3** (b) dargestellt, gleichzeitig eine Veränderung des Anströmwinkels der Absolutgeschwindigkeit des Abgases.

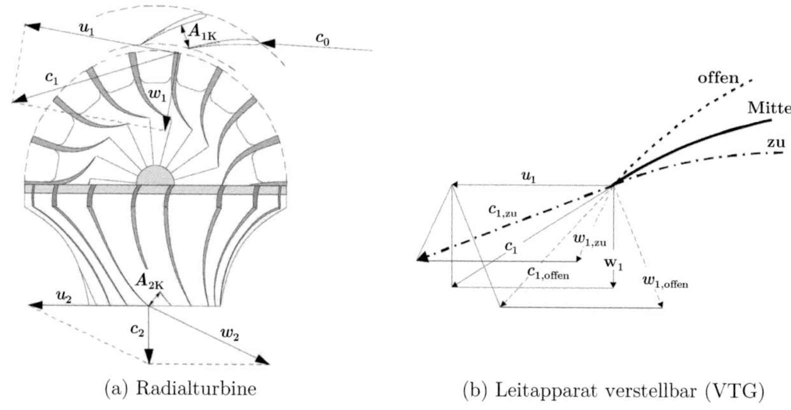

(a) Radialturbine (b) Leitapparat verstellbar (VTG)

Abbildung 5.3: Geschwindigkeitsdreiecke einer Radialturbine [72]

Da dieser Anströmwinkel mit dem daraus resultierenden Geschwindigkeitsdreieck nach Gleichung (5.28) einen wesentlichen Einfluss auf die Turbinenleistung hat, ergibt sich in Abhängigkeit der Schaufelkontur und der thermodynamischen Randbedingungen ein optimaler Wirkungsgrad für einen nur schmalen Verstellbereich des Leitapparats. Deshalb muss ein Kompromiss aus Kennfeldbreite und Wirkungsgradoptimum bei der Entwicklung des Lauf- sowie Leitrades gefunden werden.

Im Allgemeinen erfolgt die Grundauslegung der thermischen Turbomaschine unter Verwendung der Ähnlichkeitstheorie [98]. Eine Vielzahl von dimensionslosen Kennzahlen (Euler, Reynolds, Mach, Strouhal-Zahl) dienen der geometrischen Skalierung.

Voraussetzung dafür ist die thermodynamische und strömungsmechanische Ähnlichkeit. Für die Darstellung von Turbinenkennfeldern ist die dimensionslose Laufzahl

$$S = \frac{u}{c_0} \tag{5.31}$$

weit verbreitet. Mit

$$\frac{c_0^2}{2} = \Delta h_{\mathrm{s,T}} + \frac{c_3^2}{2} = c_{\mathrm{p,T}} \mathrm{T}_{3,\mathrm{t}} \left[1 - \left(\frac{p_4}{p_{3,\mathrm{t}}} \right)^{\frac{\kappa_\mathrm{T}-1}{\kappa_\mathrm{T}}} \right] \tag{5.32}$$

ergibt sich die Laufzahl

$$S = \frac{u}{c_0} = \frac{\pi D_{\mathrm{T,ein}} \frac{n_{\mathrm{ATL}}}{60}}{\sqrt{2\Delta h_{\mathrm{T,is,ts}}}} = \frac{\pi D_{\mathrm{T,ein}} \frac{n_{\mathrm{ATL}}}{60}}{\sqrt{2 c_{\mathrm{p,T}} T_{3,\mathrm{t}} \left[1 - \left(\frac{p_4}{p_{3,\mathrm{t}}} \right)^{\frac{\kappa_\mathrm{T}-1}{\kappa_\mathrm{T}}} \right]}}. \tag{5.33}$$

Dabei entspricht die theoretisch isentrope Ausströmgeschwindigkeit c_0 der Geschwindigkeit, welche sich bei isentroper Entspannung vom Totalzustand vor der Turbine zum statischen Druck nach der Turbine einstellen würde.

Der Wirkungsgrad von thermischen Turbomaschinen lässt sich über den isentropen und polytropen Wirkungsgrad berechnen [20]. Für den Abgasturbolader werden hauptsächlich isentrope Wirkungsgradkennfelder über stationäre Messungen am Heißgasprüfstand ermittelt. Diese Vermessung erfolgt in der Regel nach dem „Turbocharger Gas Stand Code SAE J1826“ [56]. Für den Verdichter ist es üblich, den Totalwirkungsgrad

$$\eta_{\mathrm{V,t,t}} = \frac{h_{\mathrm{V,tt,1,2,s}}}{h_{\mathrm{V,tt,1,2}}} = \frac{c_{\mathrm{p,V}} T_{1,V} \left(\Pi_{\mathrm{V,tt}}^{\frac{R_\mathrm{V}}{c_{\mathrm{p,V}}}} - 1 \right)}{c_{\mathrm{p,V}} (T_{2,\mathrm{V}} - T_{1,\mathrm{V}})} \tag{5.34}$$

mit

$\Pi_{\mathrm{V,tt}} = \frac{p_{2,\mathrm{t}}}{p_{1,\mathrm{t}}}$ = Totaldruckverhältnis über den Verdichter

anzugeben. Hierbei ist der dynamische Druckanteil bei Eintritt und Austritt aus dem Verdichter berücksichtigt. Die Kennfeldbestimmung erfolgt über die direkte Temperaturmessung vor und nach dem Verdichter. Dabei wird vorausgesetzt, dass sich der Verdichter adiabat verhält. In **Abbildung 5.4** ist das Verdichterkennfeld für den Turbolader des R18 e-tron quattro dargestellt. Dabei ist es über den korrigierten Massenstrom

$$\dot{m}_{\text{korr}} = \dot{m}_{\text{tats}} \left(\frac{p_{\text{ref}}}{p_{1,\text{t}}}\right) \sqrt{\left(\frac{\kappa_{\text{ref}}}{\kappa_1}\right) \left(\frac{R_1}{R_{\text{ref}}}\right) \left(\frac{T_{1,\text{t}}}{T_{\text{ref}}}\right)} \tag{5.35}$$

mit den Referenzwerten für Druck $p_{\text{ref}} = 1{,}0$ bar abs, Temperatur $T_{\text{ref}} = 298$ K, spezifische Gaskonstante $R_{\text{ref}} = 287 \ \frac{\text{J}}{\text{kgK}}$ und isentropen Exponent $\kappa_{\text{ref}} = 1{,}4$ aufgetragen.

Auch die Turboladerdrehzahl wird an die Referenzbedingungen angepasst, sodass sich die korrigierte Turboladerdrehzahl mit

$$n_{\text{ATL,korr}} = n_{\text{ATL,tats}} \sqrt{\left(\frac{\kappa_{\text{ref}}}{\kappa_1}\right) \left(\frac{R_{\text{ref}}}{R_1}\right) \left(\frac{T_{\text{ref}}}{T_{1,\text{t}}}\right)} \tag{5.36}$$

beschreiben lässt. Da der R18 Rennmotor mit einem Mono-ATL aufgeladen wird, ist das Kennfeld auf eine große Spreizung ausgelegt, sodass der Turbolader im weiten Bereich betrieben werden darf. Dennoch wird das Kennfeld einerseits durch die Pumpgrenze und andererseits durch die Stopfgrenze eingeschränkt. Die Pumpgrenze führt bei niedrigem Massendurchsatz und gleichzeitig hohem Druckverhältnis dazu, dass sich die Strömung am Laufrad ablöst und es zu einem Rückströmen an der Verdichterschaufel kommt [42]. Die Stopfgrenze zeichnet sich dadurch aus, dass trotz Drehzahlsteigerung kein größerer Massenstrom durch den Verdichter gefördert werden kann. Eine weitere Begrenzung ergibt sich durch die mechanisch zulässige Maximaldrehzahl. Bei dem verwendeten Verdichter mit einem Laufrad aus Magnesium beträgt diese 128000 1/min, sodass sich eine maximale Umfangsgeschwindigkeit

$$u_{\max} = \pi D_{\text{V,aus}} \frac{n_{\text{ATL}}}{60} = 590 \ \frac{\text{m}}{\text{s}} \tag{5.37}$$

ergibt.

Der Luftmassenstrom durch den Verdichter entspricht aufgrund der Kontinuitätsgleichung dem Schluckverhalten des Verbrennungsmotors, sodass sich der Luftdurchsatz mit

$$\dot{m}_{\text{L}} = \frac{V_{\text{h}} n_{\text{VMOT}} \lambda_{\text{LA}} p_{22} \text{i}}{R_{\text{L}} T_{22}} \tag{5.38}$$

berechnet. Da der Motor über den Restriktor luftmengenbegrenzt wird, ist das Ziel eine möglichst hohe Luftnutzung für die Verbrennung zu gewährleisten. Deshalb ist die Ventilüberschneidung sehr klein gewählt. Dies hat zur Folge, dass der Fanggrad

$$\lambda_{\text{FG}} = \frac{m_{\text{L,Z}}}{m_{\text{L}}} = \frac{\lambda_{\text{LG}}}{\lambda_{\text{LA}}} \approx 1 \tag{5.39}$$

ist, wobei der Liefergrad über

$$\lambda_{\text{LG}} = \frac{m_{\text{L,Z}}}{m_{\text{L,theo}}} \tag{5.40}$$

und der Luftaufwand über

$$\lambda_{\text{LA}} = \frac{m_{\text{L}}}{m_{\text{L,theo}}} \tag{5.41}$$

definiert ist [74]. Obwohl der Verbrennungsmotor über ein Schwingsaugrohr verfügt, wird der Liefergrad zur vereinfachten Darstellung über die Motordrehzahl hinweg als konstant angenommen.

Der Durchmesser des Luftmengenbegrenzers bestimmt unter den vorgegebenen Randbedingungen den maximal möglichen Luftmassendurchsatz. Über die Durchflussfunktion aus (5.13) ergibt sich mittels der Extremwertbetrachtung

$$\frac{\partial \Psi}{\partial \left(\frac{p_2}{p_1}\right)} = 0 \tag{5.42}$$

das kritische Druckverhältnis

$$\left(\frac{p_2}{p_1}\right)_{\text{krit}} = \left(\frac{2}{\kappa+1}\right)^{\frac{\kappa}{\kappa-1}}. \tag{5.43}$$

Durch Einsetzen des kritischen Druckverhältnisses in (5.13) ergibt sich der Maximalwert für die Durchflussfunktion mit

$$\Psi_{\max} = \left(\frac{2}{\kappa+1}\right)^{\frac{1}{\kappa-1}} \sqrt{\frac{2\kappa}{\kappa+1}}, \tag{5.44}$$

sodass unter Zuhilfenahme von Gleichung (5.30) die maximale Luftmasse durch den Luftmengenbegrenzer

$$\dot{m}_{\text{theo,max}} = \alpha_{\text{Restr}} A_{\text{Restr}} p_1 \sqrt{\frac{1}{RT_1}} \Psi_{\max} = \alpha_{\text{Rest}} \frac{\pi d_{\text{Restr}}^2}{4} p_1 \sqrt{\frac{1}{RT_1}} \Psi_{\max} \tag{5.45}$$

mit $\alpha_{\text{Restr}} = 1$, $d_{\text{Restr}} = 45{,}8$ mm, $p_1 = 1{,}013$ bar abs, $\kappa = 1{,}4$, $T_1 = 293$ K und $R = 287\ \frac{\text{J}}{\text{kgK}}$ zu

$$\dot{m}_{\text{theo,max}} = 0{,}394\ \frac{\text{kg}}{\text{s}} \tag{5.46}$$

wird. Im Reglement ist festgelegt, dass sich der Luftmengenbegrenzer direkt vor dem Verdichter befinden muss. Auf der Rennstrecke ist somit der maximale Luftmassenstrom nur von der Umgebungstemperatur und dem Luftdruck mit zusätzlichem Staudruck, der über die Geschwindigkeit ansteigt, definiert. **Abbildung 5.4** zeigt die Begrenzungen der Luftmasse durch das Reglement und die Betriebskennlinien im Verdichterkennfeld. Im niedrigen Motordrehzahlbereich ist die maximale Luftmasse durch den Verbrennungsmotor über die Pumpgrenze und den maximal zulässigen Ladedruck definiert. Während der Volllastbeschleunigung erfolgt mit steigender Motordrehzahl eine horizontale Bewegung im Verdichterkennfeld. Sobald im Luftmengenbegrenzer Schallgeschwindigkeit erreicht wird, ergibt sich der maximal mögliche Luftmassendurchsatz. Bei Rennmotoren wird in diesem Betriebspunkt die Nennleistung erreicht. Mit ansteigender Motordrehzahl vergrößert sich das Schluckverhalten des Verbrennungsmotors. Aufgrund der Luftmassenbegrenzung erfolgt eine vertikale Bewegung im Kennfeld. Hierdurch ergibt sich eine Reduzierung des Ladedrucks oberhalb des Eintrittspunktes der Luftmengenbegrenzung.

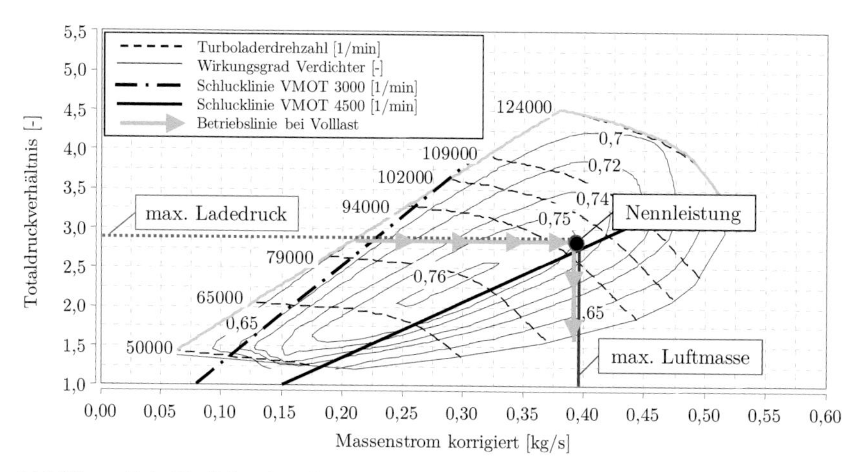

Abbildung 5.4: Verdichterkennfeld und Motorschluckline R18
(Auswirkung der Ladedruck- und Luftmassenbegrenzung)

Da das Verdichterkennfeld am Heißgasprüfstand ohne Restriktor vermessen ist, wäre mit steigender Turboladerdrehzahl ein größerer Luftmassendurchsatz möglich. Im Gesamtverbund ist aber eine Turboladerdrehzahlsteigerung im Restriktorbereich nicht zielführend, da sich lediglich der Unterdruck am Verdichtereintritt verstärkt und sich damit das Totaldruckverhältnis unnötig vergrößert. Es kommt zu keiner Luftmassenerhöhung, da das kritische Druckverhältnis im Restriktorbereich schon erreicht ist.

Für einen hohen Ladedruck bei einem niedrigen Abgasgegendruck ist der Turbinenwirkungsgrad von besonderer Bedeutung. Aufgrund ihrer höheren Eintrittstemperatur gibt die Turbine einen wesentlich größeren Wärmestrom über die Systemgrenze ab als der Verdichter. Deshalb ist hier die adiabate Betrachtung nicht zulässig und eine direkte Messung des Temperaturabfalls über die Turbine zur Wirkungsgradbestimmung nicht zielführend [15]. Dennoch kann der Turbinenwirkungsgrad über das Leistungsgleichgewicht des Abgasturboladers im stationären Betriebspunkt

$$\frac{P_{\mathrm{V}}}{\eta_{\mathrm{V,t,t}}} = P_{\mathrm{T}}\eta_{\mathrm{T,t,s}} \tag{5.47}$$

zu

$$\eta_{\mathrm{T,t,s}} = \eta_{\mathrm{T,is}}\eta_{\mathrm{m}} = \frac{P_{\mathrm{V,tt}} + P_{\mathrm{m}}}{P_{\mathrm{T,is,t,s}}} \tag{5.48}$$

mit

$$P_{\mathrm{T,is,t,s}} = \dot{m}_{\mathrm{T}} c_{\mathrm{p,T}} T_{3,\mathrm{T}} \left(1 - \left(\frac{1}{\Pi_{\mathrm{T,ts}}}\right)^{\frac{R_{\mathrm{V}}}{c_{\mathrm{p,V}}}}\right) \tag{5.49}$$

ermittelt werden. Aufgrund des notwendigen Leistungsgleichgewichts zwischen Turbine und Verdichter ist mit dieser Methode die Bestimmung des Turbinenwirkungsgrades nur für einen engen Kennfeldbereich möglich. Weitere Betriebspunkte, die im realen Motorbetrieb aufgrund der Beschleunigungsvorgänge der Turboladerdrehzahl und dem pulsierenden Abgasmassenstrom auftreten, müssen durch Extrapolation des Kennfeldes erfolgen. Aufgrund der hohen Bedeutung des Turbinenkennfeldes für die Motorprozesssimulation sind in den letzten Jahren vermehrt Forschungsarbeiten innerhalb dieses Gebiets veröffentlicht worden [85,86,106]. Dennoch zeigt sich die Extrapolation der Kennfelder als sehr aufwendig und in Abhängigkeit der getroffenen Randbedingungen kann ein erheblicher Fehler auftreten. Die strömungsmechanische Simulation bietet eine weitere Möglichkeit zur Kennfeldextrapolation. Aber auch hier ergibt sich die Notwendigkeit, die Modelle über Experimente am Prüfstand zu validieren.

Zur Kennfeldvermessung wird am Heißgasprüfstand die Turbineneintrittstemperatur konstant gehalten [91]. Durch Anpassung des Drucks und des Massenstroms vor der Turbine wird das Verdichterkennfeld mit konstanter Turboladerdrehzahl von der Stopf- bis zur Pumpgrenze durchlaufen. Dieser Vorgang wird für diskrete Drehzahlstufen wiederholt, bis das Kennfeld vermessen ist. Für einen Turbolader mit einem VTG-Mechanismus muss dieser Vorgang zusätzlich für verschieden VTG-Positionen durchgeführt werden. Das Ergebnis dieser aufwendigen Vermessung ist eine Kennfeldschar für die Turbine. Das extrapolierte Wirkungsgradkennfeld für die Turbine des untersuchten R18 Turboladers ist in **Abbildung 5.5** dargestellt. Dabei ist der Turbinenwirkungsgrad über die VTG-Position und die dimensionslose Laufzahl aus Gleichung (5.33) aufgetragen. Die VTG-Position ist dabei so definiert, dass ein Wert von 95% dem minimal möglichen effektiven Turbinenquerschnitt entspricht. Der optimale

Wirkungsgrad wird bei einer leicht geschlossenen Schaufelstellung in einem Bereich der Laufzahl von 0,55-0,65 erreicht.

Bei der Stauaufladung wird versucht die Abgaspulsation zu beruhigen, sodass die Turbine mit einer möglichst konstanten Laufzahl im optimalen Wirkungsgradbereich beaufschlagt wird. Dabei wird ein großer Teil der kinetischen Energie des Abgases dissipiert. Über die Stoßaufladung kann diese kinetische Energie der Abgassäule genutzt werden. Nachteilig zeigt sich dabei, dass durch das pulsierende Abgas die Laufzahl über einen Arbeitszyklus hinweg stark variiert und so die Turbine nicht optimal angeströmt wird [82,105,115].

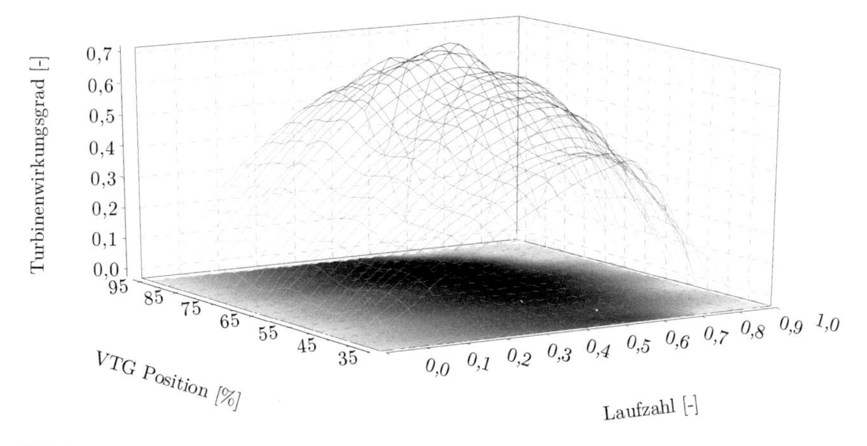

Abbildung 5.5: Turbinenkennfeld R18 *(extrapoliert)*

Die Stoßaufladung bietet zum einem beim Ansprechverhalten des Turboladers und zum anderen bei der Ausnutzung der kinetischen Energie des Abgases Vorteile [115]. Da bei Rennmotoren unter Volllast noch eine hohe Exergie beim Öffnen der Auslassventile herrscht, ist in dieser Anwendung von einem großen Potential der Stoßaufladung auszugehen. Trotz des geringeren mittleren Turbinenwirkungsgrades ergibt sich bei geeigneter Auslegung der Abgasverrohrung eine hohe Nutzung der kinetischen Energie und insgesamt eine optimierte Ladungswechselarbeit. Mit steigendem Aufladegrad im Rennsport sowie in der Serienanwendung kommt der Turbinenkennfeldbestimmung zur optimalen Gesamtantriebsauslegung eine bedeutende Rolle zu.

5.2 Modellbildung

Für die Weiterentwicklung des Antriebs im Rennsport ist die Optimierung der Rundenzeit das entscheidende Kriterium. Die Beschreibung des Fahrers, des Fahrzeugs und der Umgebung erfolgt bei Audi Sport über eine transiente Erweiterung der quasistatischen Rundenzeitoptimierung [104]. Das sich dabei ergebende Geschwindigkeitsprofil ist von der Fahrlinie und dem Maximalbeschleunigungspotential in Quer- und Längsrichtung des Fahrzeugs abhängig. Der Antriebsstrang ist nur ein Teil des modularen Fahrzeugmodells. Aufgrund des hohen Rechenaufwands ist es nicht zweckmäßig, den Antriebsstrang mit einem hohen Detaillierungsgrad in die Rundenzeitsimulation einzubinden. Vielmehr ist es mittels Parametervariation erforderlich, die wesentlichen Sensitivitäten zu erarbeiten, sodass die Entwicklungsrichtung vorgegeben werden kann. Dennoch bildet die wegabhängige Lastanforderung, welche aus der Rundenzeitsimulation für die verschiedenen Rundstrecken innerhalb der WEC berechnet wird, die Eingangsgröße für die transiente Simulation des Gesamtantriebsstranges.

5.2.1 Gesamtantriebsstrang

Das Hybridsystem ermöglicht es, sowohl mechanische Leistung als auch elektrische Leistung zum Antrieb des Fahrzeugs zu nutzen. Der für den elektrischen Pfad mögliche Energiefluss ist in **Abbildung 5.6** dargestellt. Das HERS wird im Fahrzeug in das vorhandene KERS eingebunden. Die elektrische Stromversorgung erfolgt über das Gleichspannungsnetz mit einer Zwischenkreisspannung von 430 V. Hierbei sind drei verschiedene Pfade zur Interaktion der verschiedenen Komponenten möglich.

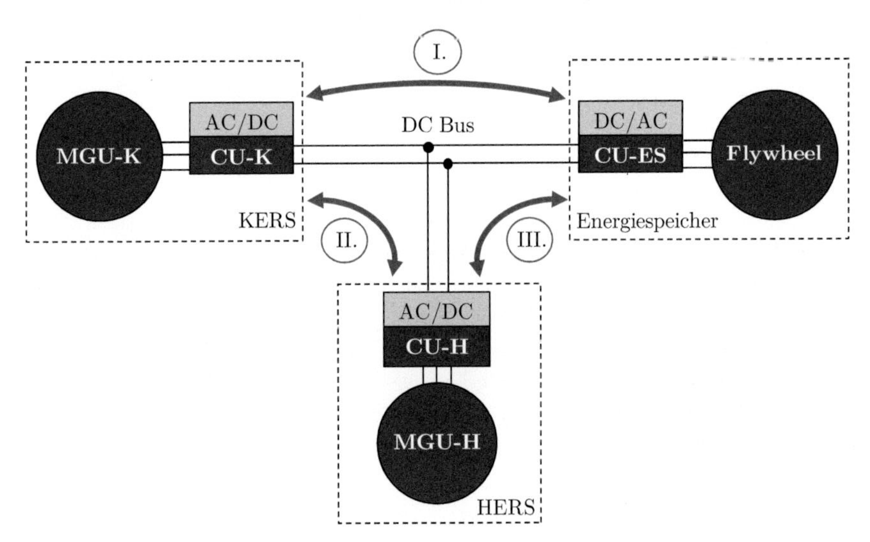

Abbildung 5.6: Einbindung des VET in das Fahrzeughybridsystem

Das seit 2012 verwendete Hybridsystem des Audi R18 e-tron quattro nutzt ausschließlich den Pfad I. Da hierbei jede Komponente systembedingt sowohl beim Rekuperieren der kinetischen Bremsenergie als auch beim Freigeben dieser Energie zur

Beschleunigung durchlaufen wird, muss aufgrund der Wirkungsgradkette eine wesentlich höhere Energie rekuperiert werden, als effektiv zum Beschleunigen verwendet werden kann. Beim HERS sind unterschiedliche Pfade für die Leistungsübertragung möglich. In Abhängigkeit davon, ob eine Zwischenspeicherung der Energie oder eine direkte synchrone Nutzung erfolgt, ergeben sich unterschiedliche Pfade. In den folgenden Formeln sind die Wirkungsgradketten für diese Pfade dargestellt. Es lässt sich erkennen, dass die direkte Leistungsaufnahme/-abgabe zwischen MGU-H und MGU-K (Pfad II) den besten Gesamtwirkungsgrad erreicht.

$$\text{I: } P_{\text{KERS, REKU}}\ \eta_{\text{el,KERS}}\ \eta_{\text{el,ES}}\ \eta_{\text{el,ES}}\ \eta_{\text{el,KERS}} = P_{\text{KERS,BOOST}} \tag{5.50}$$

$$\text{IIa: } P_{\text{HERS,REKU}}\ \eta_{\text{el,HERS}}\ \eta_{\text{el,KERS}} = P_{\text{KERS,BOOST}} \tag{5.51}$$

$$\text{IIb: } P_{\text{KERS,REKU}}\ \eta_{\text{el,HERS}}\ \eta_{\text{el,KERS}} = P_{\text{HERS,BOOST}} \tag{5.52}$$

$$\text{IIIa: } P_{\text{HERS,REKU}}\ \eta_{\text{el,HERS}}\ \eta_{\text{el,ES}} = P_{\text{ES}} \tag{5.53}$$

$$\text{IIIb: } P_{\text{ES}}\ \eta_{\text{el,ES}}\ \eta_{\text{el,HERS}} = P_{\text{HERS,BOOST}} \tag{5.54}$$

$$\text{I+IIIa: } P_{\text{KERS,REKU}}\ \eta_{\text{el,KERS}}\ \eta_{\text{el,ES}}\ \eta_{\text{el,ES}}\ \eta_{\text{el,HERS}} = P_{\text{HERS,BOOST}} \tag{5.55}$$

$$\text{I+IIIa: } P_{\text{HERS,REKU}}\ \eta_{\text{el,HERS}}\ \eta_{\text{el,ES}}\ \eta_{\text{el,ES}}\ \eta_{\text{el,KERS}} = P_{\text{HERS,BOOST}} \tag{5.56}$$

Die Wirkungsgrade der Gesamtkomponente errechnen sich mit:

$$\eta_{\text{el,HERS}} = \eta_{\text{el,MGU-H}}\ \eta_{\text{el,CU-H}} \tag{5.57}$$

$$\eta_{\text{el,KERS}} = \eta_{\text{el,MGU-K}}\ \eta_{\text{el,CU-K}} \tag{5.58}$$

$$\eta_{\text{el,ES}} = \eta_{\text{el,MGU-ES}}\ \eta_{\text{el,CU-ES}} \tag{5.59}$$

Trotz der schlechten Wirkungsgradbilanz unter Verwendung der Zwischenspeicherung ist es in Abhängigkeit der Betriebsstrategie möglich, dennoch einen Vorteil für die Fahrzeugperformance zu generieren. Grundsätzlich ist das Ziel im Motorsport, die Rundenzeit unter den gegebenen Randbedingungen zu optimieren. Für den Langstreckenrennsport kann diese Maxime auch als eine Wegstreckenoptimierung unter vorgegebener Zeit bezeichnet werden. In Le Mans gewinnt das Fahrzeug, welches innerhalb von 24 Stunden die weiteste Strecke zurückgelegt hat. Durch die Integration der Fahrzeuggeschwindigkeit über die Zeit wird die zurückgelegte Wegstrecke bestimmt. Somit muss die Fläche unter der Geschwindigkeits-Zeit Kurve maximiert werden.

In **Abbildung 5.7** ist der Einfluss der Betriebsstrategie auf das Geschwindigkeitsprofil exemplarisch dargestellt. Anhand des grauen Geschwindigkeitsprofils wird ersichtlich, dass bei einer maximalen Leistungsfreigabe sofort nach der Schubphase (Kurvenfahrt) der größte Zeitvorteil entsteht. Die Variante, bei der während der gesamten Beschleunigungsphase die elektrische Zusatzenergie konstant freigegeben wird, ermöglicht zwar eine höhere Maximalgeschwindigkeit, da das Fahrzeug jedoch kurz darauf verzögert, wird die elektrische Energie nicht rundenzeitoptimal eingesetzt.

Diese vereinfachte Darstellung verdeutlicht, dass die elektrische Zusatzenergie während der Beschleunigungsphase möglichst frühzeitig eingesetzt werden muss, um eine optimale Rundenzeit zu erreichen.

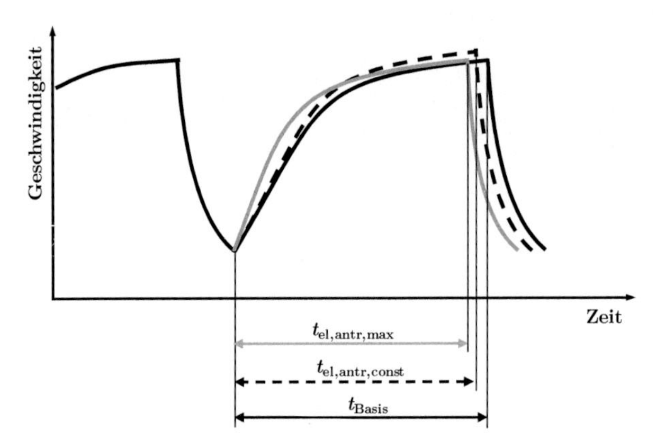

Abbildung 5.7: Einfluss der Betriebsstrategie auf das Geschwindigkeitsprofil

5.2.2 Verbrennungsmotor mit variablem elektrischen Turbolader (VET)

Zur Vorauslegung und Berechnung der physikalischen Zusammenhänge beim Turbocompound-Verfahren ist es notwendig, den Verbrennungsmotor mit einem hohen Detailierungsgrad zu modellieren. In Verbindung mit dem elektrischen Turbolader ist es so möglich, die wesentlichen Wirkzusammenhänge zu verstehen und eine Vorauslegung durchzuführen. Im Rahmen dieser Arbeit wurde hierzu eine Kopplung der beiden Berechnungswerkzeuge, bestehend aus GT-Suite und Matlab Simulink, durchgeführt. Wie in **Abbildung 5.8** dargestellt, ist mit Hilfe der Software GT-Suite der Antriebstrang zusammen mit dem elektrischen Turbolader modelliert.

Die elektrischen Eigenschaften der in den Turbolader integrierten permanent erregten Synchronmaschine und die Leistungselektronik sind dagegen in Matlab Simulink abgebildet. Dies liefert den Vorteil, dass die realen Softwarefunktionen der Leistungselektronik für die verschiedenen Regelstrategien

- Drehmomentregelung,
- Leistungsregelung und
- Drehzahlregelung

parametriert und vorerprobt werden können. Anhand des transienten Drehzahlprofils des Turboladers aus dem GT-Suite Modell ist es zusätzlich möglich, den sensorlosen Algorithmus zur Bestimmung der exakten Winkellage des elektrischen Rotors zu untersuchen und zu optimieren.

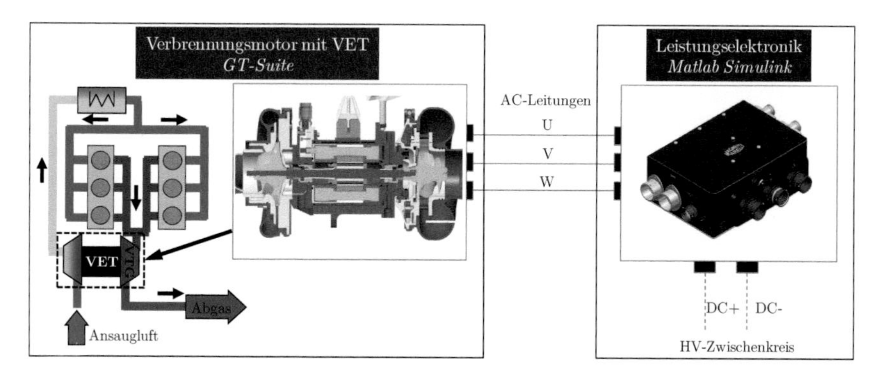

Abbildung 5.8: Simulationsumgebung zur Berechnung des Turbocompound-Verfahrens

5.3 Validierung des Simulationsmodells

Zur Rekuperation elektrischer Leistung aus der Abgasenergie über eine mit dem Turbolader direkt gekoppelte elektrische Maschine ist es notwendig, dass die Turbine eine höhere Leistung generiert als zum Antrieb des Verdichters notwendig ist. Hierfür ergibt sich zwangsläufig eine Erhöhung des Abgasgegendrucks. Da in direkter Folge eine Verschlechterung der Ladungswechselarbeit erfolgt, liegt innerhalb der Simulation der Fokus auf der Modellierung des Abgaspfades.

5.3.1 Stationärer Betrieb

Die Validierung des Berechnungsmodells des Verbrennungsmotors erfolgt über stationäre Messungen am Vollmotorprüfstand. Für den Abgleich der Gasdynamik im Abgaspfad wurde der R18 Rennmotor mit einer Vollindizierung im Ein- und Auslasstrakt sowie in den Zylindern zur Druckerfassung ausgestattet. In **Abbildung 5.9** (a) zeigt sich, dass sowohl der Zylinderdruckverlauf als auch der Abgasgegendruckverlauf aus der Simulation sehr gut mit der Messung übereinstimmt. Es ergeben sich leichte Unterschiede im Zylinderdruckverlauf am Ende des Auslassvorgangs, diese sind aber im Rahmen der Messgenauigkeit der verwendeten Zylinderdrucksensoren.

Bei der elektrischen Energierekuperation mittels Turbocompound-Verfahren ergibt sich eine Erhöhung des Abgasgegendrucks. Um auch diesen Einfluss auf den Ladungswechsel und Druckverlauf zu kennen, wurde ein zusätzlicher Versuchsaufbau für

Voruntersuchungen verwendet. Durch eine hierfür im Abgasrohr nach der Turbine verbaute Drosselblende, erhöht sich der Druckverlust im Abgasstrom. Zur Darstellung gleichbleibender Bedingungen im Ladeluftpfad muss der Ladedruck konstant gehalten werden. Hierzu ist es erforderlich, das Druckverhältnis über die Turbine, entsprechend des Druckverhältnisses ohne der Abgasblende, einzustellen. Mit dem variablen Leitapparat vor der Turbine ist diese Änderung möglich, sodass sich mit und ohne Blende identische Druckverhältnisse über die Turbine einstellen. Dennoch ergibt sich durch diese Anpassung eine Erhöhung des Abgasgegendrucks vor Turbine, sodass der Einfluss auf den Ladungswechsel und den Zylinderdruckverlauf des Verbrennungsmotors untersucht werden kann. Auch in **Abbildung 5.9** (b) zeigt sich eine sehr gute Übereinstimmung von Simulation und Messung. Es wird deutlich, dass mit einer Erhöhung des mittleren Abgasgegendrucks um 1 bar auf 3,1 bar abs ein dynamischer Maximaldruck von bis zu ca. 5 bar abs erreicht wird.

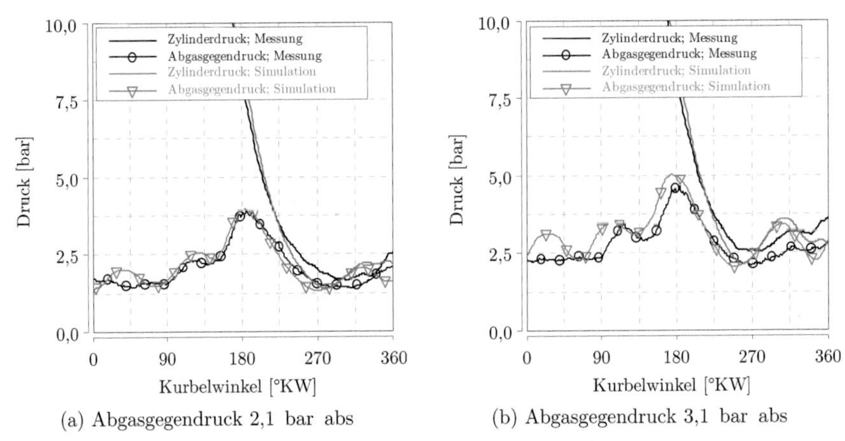

(a) Abgasgegendruck 2,1 bar abs (b) Abgasgegendruck 3,1 bar abs

Abbildung 5.9: Validierung Zylinderdruck und Abgasgegendruck *(Motordrehzahl 4750 1/min; Turboladerdrehzahl 95000 1/min; Luftverhältnis 1,08)*

Während des Öffnens der Auslassventile stellt sich dieser Maximalwert im Auslasskrümmer ein. Weiter zeigt sich, dass der Druck im Zylinder durch die Dynamik im Abgaspfad unter den Wert des mittleren Abgasgegendrucks fällt. Hierdurch lässt sich ein positiver Effekt auf die Ausschiebearbeit erreichen.

5.3.2 Dynamischer Betrieb

Die Validierung des dynamischen Simulationsmodells erfolgt über die transiente Simulation der schnellsten Runde des Rennens der 24 Stunden von Le Mans aus dem Jahr 2012. Die Messdaten, die während dieser schnellsten Runde aufgenommen wurden, bilden die Randbedingungen für das Simulationsmodell. Anhand der wegstreckenabhängigen Daten für

- das Motorlastprofil,
- die Schaltrampen und die
- Verzögerung während der Bremsphasen

ist es möglich, mittels Simulationsmodell Aussagen über die Rundenzeit zu treffen.

Für die transiente Simulation des Turbocompound-Verfahrens, mit der direkten Kopplung zwischen der elektrischen Maschine und dem Turbolader, steht das Ansprechverhalten des Turboladers und somit der Ladedruckaufbau im Vordergrund. Dabei ist es von besonderer Bedeutung, in welchem Maße die zusätzlich mögliche Motorleistung während der Volllastbeschleunigung über die Schlupfgrenze der Reifen limitiert wird. Dies lässt sich jedoch nur über das ganzheitliche Fahrzeugmodell beantworten [104]. Deshalb wurde im Rahmen dieser Arbeit die zeitlichen Daten für das Motorlastprofil und die Motordrehzahl verwendet. Über die Variation der Simulationsparameter ergibt sich somit ein zeitlicher Motorleistungsverlauf, der anhand der Gesamtfahrzeugsimulation auf eine Rundenzeitverbesserung schließen lässt.

Zusätzlich sind die Umgebungsbedingungen, bestehend aus Temperatur und geschwindigkeitsabhängigem dynamischen Verdichtereintrittsdruck, aufgrund der Luftmengenbegrenzung von besonderer Bedeutung, sodass diese Größen abgebildet sind. Um akzeptable Berechnungszeiten gewährleisten zu können, sind Vibe-Brennverläufe im Modell hinterlegt.

Für den turboaufgeladenen Dieselmotor mit Luftmengenbegrenzung ist die Ladedruck- und Luftmengenregelung für die Motorleistung entscheidend. Deshalb ist hierzu in der Simulation eine Regelung analog zur Funktion im Motorsteuergerät hinterlegt. Im ladedruckbegrenzten Bereich ist das Ziel der Regelung, über den VTG-Mechanismus den Sollladedruck von 2,8 bar abs einzuhalten. Sobald die Luftmengenbegrenzung einsetzt, fällt der Ladedruck mit steigender Motordrehzahl. Deshalb wird ab dieser Motordrehzahl auf eine Turboladerdrehzahlregelung umgeschaltet, sodass unabhängig vom Ladedruck eine konstante Luftmasse gefördert wird und der Verdichter möglichst effizient arbeitet, vgl. Abschnitt 5.1.2.

5.4 Ergebnisse der Simulation

Die 1-D Simulation des Verbrennungsmotors mit dem Turbocompound-Verfahren erlaubt eine Vorauslegung sowie eine Beurteilung der Eignung der verwendeten Komponenten. Die sich dabei einstellenden thermodynamischen Randbedingungen sind für die Detailanalyse von außerordentlicher Bedeutung. Für diese Untersuchung erfolgt zunächst die simulationsgestützte Betrachtung für den Verbrennungsmotor und den Turbolader mit der direkt gekoppelten elektrischen Maschine. Diese elektrische Maschine wird zur Rekuperation mit einer elektrischen Leistung von 30 kW gebremst. Um dennoch gleichbleibende Bedingungen im Ladeluftpfad zu erhalten, muss der VTG-Mechanismus weiter geschlossen werden, sodass die Turbine die zusätzliche Bremsleistung von 30 kW aufbringen kann. Hierdurch bleiben der Ladedruck sowie die Turboladerdrehzahl auf einem gleichbleibenden Niveau.

5.4.1 Verbrennungsmotor

Das Turbocompound-Verfahren beeinflusst den Verbrennungsmotor im Wesentlichen während des Ladungswechsels. In **Abbildung 5.10** ist der Einfluss der Abgasgegendruckerhöhung auf den Zylinderdruckverlauf im p-V-Diagramm dargestellt. Während der Ansaugvorgang unverändert bleibt, spiegelt sich der erhöhte Abgasgegendruck direkt in der Ladungswechselarbeit wider.

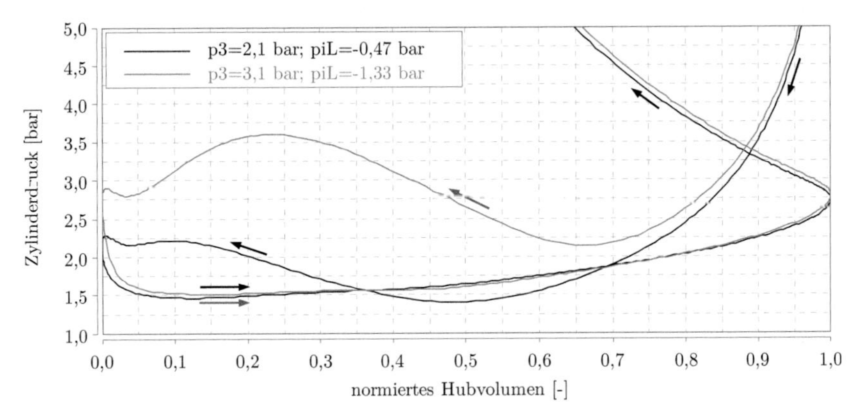

Abbildung 5.10: Einfluss der Abgasgegendruckerhöhung auf die Ladungswechselschleife *(Simulation; Motordrehzahl 4750 1/min; Turboladerdrehzahl 95000 1/min; Luftverhältnis 1,08)*

Es zeigt sich, dass der Druckverlauf im Zylinder zu Beginn der Auslassphase aufgrund des überkritischen Ausströmvorgangs durch die Auslassventile, nur eine geringe Beeinflussung durch den Abgasgegendruck erfährt. Erst unterhalb des normierten Hubvolumens von etwa 0,55 erhöht sich der Zylinderdruck entsprechend der Abgasgegendruckdifferenz von etwa 1 bar. Dies deutet darauf hin, dass die Ladungswechselverluste in geringerem Maße durch den Abgasgegendruck verschlechtert werden, als man es anhand des vollkommenen Motors erwarten würde. Dieser Sachverhalt lässt sich anhand **Abbildung 5.11** bestätigen. Die Abgasgegendruckerhöhung bewirkt eine nahezu proportionale Steigerung der Ladungswechselarbeit. Der dabei erreichte Gradient ist flacher als der der Vergleichsgeraden des vollkommenen Motors mit einer Steigung von -1.

In der Abbildung ist zusätzlich die Hochdruckarbeit dargestellt. Aufgrund der geringen Ventilüberschneidung des untersuchten luftmengenbegrenzten Rennmotors ergibt sich nur eine leichte Erhöhung des Restgases. Deshalb zeigt sich die Hochdruckarbeit nahezu unbeeinflusst von der Abgasgegendrucksteigerung.

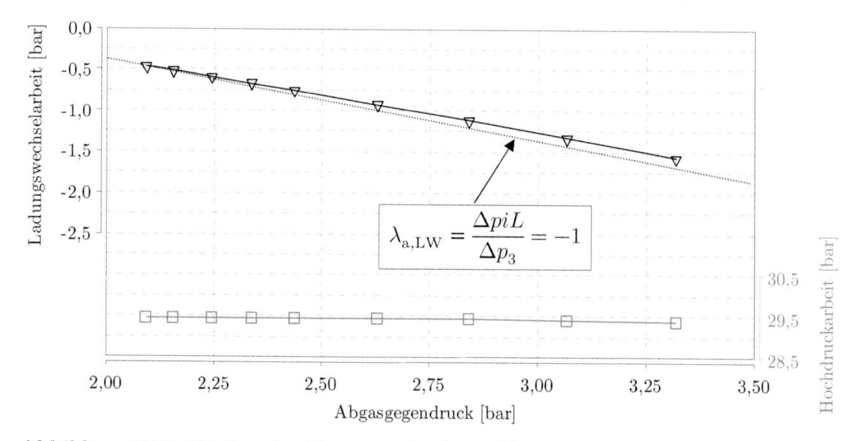

Abbildung 5.11: Einfluss des Abgasgegendrucks auf die Ladungswechselarbeit *(Simulation; Motordrehzahl 4750 1/min; Turboladerdrehzahl 95000 1/min; Luftverhältnis 1,08)*

Der indizierte Zylinder- und Abgasgegendruckverlauf ist in **Abbildung 5.12** sowohl für den konventionellen Betrieb als auch für den Betrieb mit dem Turbocompound-Verfahren dargestellt. In der Simulation ist für beide Varianten ein geometrisch identischer Ansaug- und Abgaspfad angenommen. Aufgrund der verwendeten Schwingrohraufladung ergibt sich ein deutliches Unterschwingen des Zylinderdrucks während des Ansaugvorgangs. Da für beide Varianten der Ladedruck über die Turboladerdrehzahl unverändert gehalten wurde, unterscheidet sich der Zylinderdruckverlauf im Ansaugvorgang nicht. Erst während des Auslassvorgangs im Bereich von 240 °KW n. ZOT differiert der Druckverlauf im Zylinder. Dagegen verhält sich der indizierte Druckverlauf des Abgases für die beiden Varianten im Bereich von -360 bis 190 °KW n. ZOT und 250 bis 360 °KW n. ZOT äquidistant. Nach der initialen Öffnungsphase der Auslassventile nähern sich die beiden Druckverläufe an, da sich in diesem Bereich, ausgehend von einem überkritischen Ausströmvorgang des Abgases aus dem Zylinder, ein unterkritisches Ausströmen ausbildet. Über die Reflektion der Druckwelle am Turbineneintritt wird noch während des Ausschiebevorgangs eine leichte Druckerhöhung im Zylinder erzeugt. Bevor es zum Beenden des Auslassvorgangs kommt, ergibt sich wieder eine Reduktion des Zylinderdruckniveaus.

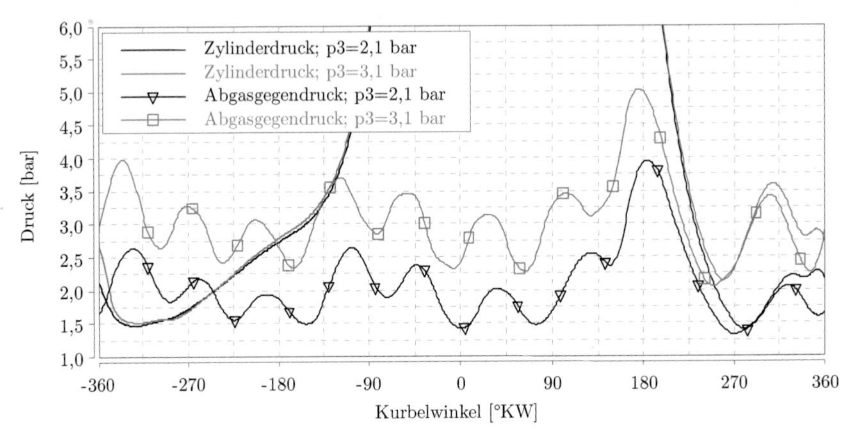

Abbildung 5.12: Einfluss der Abgasgegendruckerhöhung auf den Druckverlauf im Zylinder und im Abgaskrümmer
(Simulation; Motordrehzahl 4750 1/min; Turboladerdrehzahl 95000 1/min; Luftverhältnis 1,08)

Anhand des Druckverlaufs wird deutlich, wie über eine intelligent ausgeführte Abgasanlage der Ladungswechsel positiv beeinflusst werden kann. Über die Optimierung der Abgaskrümmergeometrie und dabei insbesondere der Krümmerlänge ist es möglich, die durch den Auslassvorgang angeregte Gasdynamik so zu nutzen, dass die Phasenlänge vergrößert wird und die reflektierte Druckwelle erst beim Schließen der Auslassventile auftrifft. Hierdurch ist ein erheblicher Vorteil in der Ladungswechselarbeit realisierbar. Für die optimale Nutzung des Turbocompound-Verfahrens ergibt sich durch diesen Sachverhalt ein großes Potential zur Erhöhung des Turbineneintrittsdrucks mit möglichst geringem Einfluss auf die Ausströmarbeit.

5.4.2 Variabler elektrischer Turbolader

Die Leistungsfähigkeit des variablen elektrischen Turboladers hängt im Wesentlichen von den thermodynamischen Randbedingungen im Abgaspfad ab. Der Turbolader verrichtet als Strömungsmaschine, im Gegensatz zum Verbrennungsmotor, kontinuierlich Arbeit. Dabei ist die Höhe der Abgasexergie für die mögliche Turbinenleistung entscheidend. Für die Bestimmung dieser Exergie ist das Druck- und Temperaturniveau des Abgasmassenstroms notwendig. In **Abbildung 5.13** (a) ist der indizierte Verlauf für diese thermodynamischen Zustandsgrößen im Eintritt des Abgaskrümmers (Primärrohr) nach dem ersten Zylinder dargestellt. Durch diesen Abgaskrümmer fließt der Abgasmassenstrom nur während der Zeit, in der die Auslassventile des ersten Zylinders geöffnet werden. Sobald sich die Auslassventile öffnen, steigen Druck und Temperatur an dieser Messstelle im Simulationsmodell erheblich an. Durch die

Rekuperation von 30 kW ergibt sich neben der Steigerung des Abgasgegendrucks zusätzlich eine Erhöhung der Abgastemperatur am Eintritt in den Abgaskrümmer. Dabei ist im Bereich von -360 bis 100 °KW nach ZOT ein Temperaturanstieg von bis zu 100 K zu verzeichnen. Mit dem Öffnungsvorgang der Auslassventile erfolgt ein überkritischer Ausströmvorgang aus dem Zylinder, währenddessen sowohl für den konventionellen als auch den Rekuperationsbetrieb die gleichen Temperaturen auftreten. Lediglich während des unterkritischen Ausschiebvorgangs ab 240 °KW nach ZOT stellt sich wieder eine Abgastemperaturerhöhung um bis zu 100 K ein. Anhand dieser Betrachtung wird klar, dass für beide Varianten der größte Massenanteil mit einer ähnlichen Temperatur den Zylinder verlässt. Im direkten Vergleich zeigt der indizierte Verlauf der thermodynamischen Zustandsgrößen aus **Abbildung 5.13** (b) über den gesamten Zyklus ein nahezu äquidistantes Verhalten.

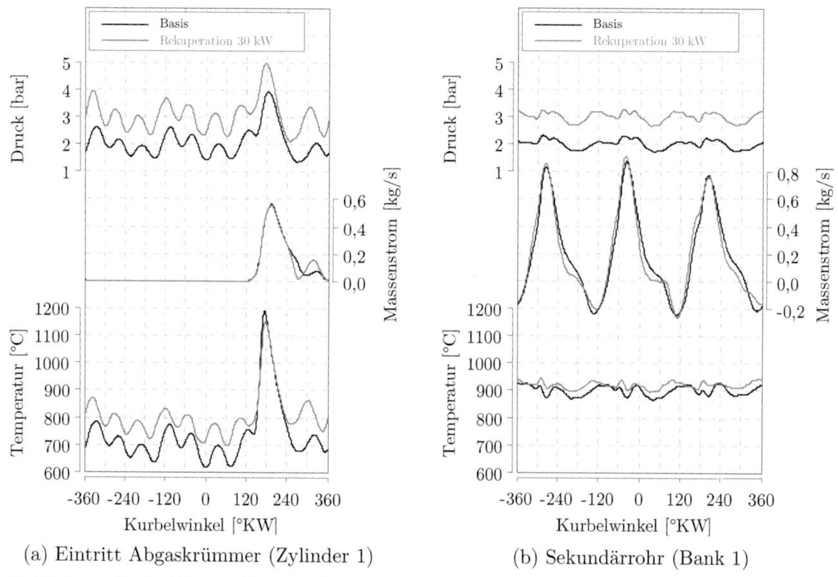

(a) Eintritt Abgaskrümmer (Zylinder 1) (b) Sekundärrohr (Bank 1)

Abbildung 5.13: Thermodynamische Randbedingungen im Abgaspfad *(Simulation; Motordrehzahl 4750 1/min; Turboladerdrehzahl 95000 1/min; Luftverhältnis 1,08; elektrischer Wirkungsgrad 90%)*

Die Werte sind im Sekundärrohr kurz vor dem Turbineneintritt der Abgasanlage des Simulationsmodells aufgenommen. Durch den bankweise getrennten Eintritt in die Turbine erfolgt an dieser Stelle die Durchströmung des Abgases von drei Zylindern während eines Zyklus. Die symmetrische Zündfolge von 240 °KW der Zylinder dieser Bank spiegelt sich im Massenstromverlauf wider. Zusätzlich tritt aufgrund des gemeinsamen Turbinengehäuses für beide Zylinderbänke des Motors ein Übersprechen der Bänke auf, sodass sich im Sekundärrohr bei der untersuchten Drehzahl ein Rückströmen des Massenstroms ergibt.

Bei detaillierter Betrachtung fällt auf, dass insbesondere am Eintritt des Abgaskrümmers, zum Zeitpunkt, an dem der größte Massenstrom durch den Auslasskanal fließt, auch der größte Druck und die höchste Temperatur erreicht wird. Da sowohl für die Bestimmung der Abgasenthalpie als auch der Abgasexergie die massengemittelte Totaltemperatur des Abgases entscheidend ist, zeigt **Tabelle 5.1** eine zusammenfassende Übersicht.

Tabelle 5.1: Abgastemperatur für unterschiedliche Positionen im Abgaspfad mit arithmetischer Mittelwertbildung *(Simulation)*

	Temperatur [°C]			
	ohne Rekuperation		mit Rekuperation	
Position im Abgaspfad	zeitliche Mittelung	Massenmittelung	zeitliche Mittelung	Massenmittelung
Eintritt Abgaskrümmer	733	921	805	939
Sekundärrohr	900	925	921	945
Turbineneintritt	911	916	925	927
Turbinenaustritt	798	826	743	767

Für die Messung der Abgastemperatur werden üblicherweise Thermoelemente verwendet. Aufgrund der thermischen Masse und der damit einhergehenden Trägheit, kann ein Thermoelement lediglich die zeitlich gemittelte Temperatur seiner Spitze wiedergeben. Die Tabelle zeigt deutlich, dass dieser zeitlich gemittelte Messwert von der realen Gastemperatur erheblich abweicht. Gerade im Abgaskrümmer ergeben sich aufgrund der höchst instationären Durchströmung Messfehler von weit über 100 K.

Je kontinuierlicher die Strömung ist, desto geringer wird diese Abweichung, sodass die zeitlich gemittelte Temperatur nahezu der massengemittelten Abgastemperatur entspricht. Durch diesen Sachverhalt lässt sich erklären, weshalb in **Abbildung 5.14** gerade bei den Zusammenführungen im Sekundärrohr des Abgaskrümmers die Glühfarben auf eine deutlich höhere Temperatur hinweisen als an den Primärrohren der einzelnen Zylinder. Neben dieser Abweichung des Messwerts von der realen Gastemperatur tritt weitere Unschärfe in einem größeren zeitlichen Skalenbereich auf. Einerseits ergibt sich aufgrund der thermischen Trägheit des Thermoelements ein verzögertes Ansprechverhalten. Andererseits wird durch die Interaktion des im Verhältnis kühleren Abgaskrümmers mit dem Thermoelement über Wärmeleitung sowie Wärmestrahlung ein niedriger Messwert an der Spitze des Fühlers gemessen als real vorliegt. Es zeigt sich, dass sowohl die thermische Masse des Thermoelements als auch die zeitliche Mittelung durch die Messung die wesentlichen Einflussgrößen für eine Abweichung der Messgröße von der realen Abgastemperatur sind. Somit ist für die möglichst exakte Bestimmung der Abgasenthalpie am intermittierend arbeitenden Verbrennungsmotor die in Abschnitt 4.2.1 vorgeschlagene Methode zur Abgastemperaturbestimmung erforderlich.

Abbildung 5.14: Glühfarben am Abgaskrümmer des konventionellen R18 Rennmotors *(Motordrehzahl 4750 1/min; Turboladerdrehzahl 95000 1/min; Luftverhältnis 1,08)*

Die thermodynamischen Randbedingungen am Turbinenein- und Turbinenaustritt ohne Rekuperation sind in **Abbildung 5.15** (a) dargestellt. Aufgrund der möglichst günstigen Anordnung im Bauraum des Fahrzeugs verfügt die Turbine über zwei Eintritte. Für die Auswertung wurden die Daten des Turbineneintritts direkt an der ersten Bank des V-Motors gewählt. Durch die Stoßaufladung ist noch am Turbineneintritt eine Druckamplitude sowie Gastemperaturüberhöhung in Abhängigkeit der Zündfolge ersichtlich. Betrachtet man den Verlauf des Massenstroms, so ist seine Amplitude im Vergleich zu der im Sekundärrohr reduziert.

Durch die technische Arbeit, die über die Turbine verrichtet wird, ist die Abgasenthalpie nach der Turbine verringert. Über die Temperaturdifferenz zwischen Ein- und Austritt wird diese Reduktion erkennbar. Mit der Rekuperation von 30 kW ergibt sich in **Abbildung 5.15** (b) trotz der erhöhten Eintrittstemperatur eine weitere Absenkung der Turbinenaustrittstemperatur. Es wird deutlich, dass durch die zusätzliche elektrische Leistung, die die Turbine aufgrund der Rekuperation aufbringen muss, die Enthalpie im Abgas weiter abgesenkt wird. Über die Analyse der Temperaturdifferenz ist es möglich, die Leistungssteigerung an der Turbine mit Rekuperation in diesem Betriebspunkt in erster Näherung auf ca. 30% abzuschätzen.

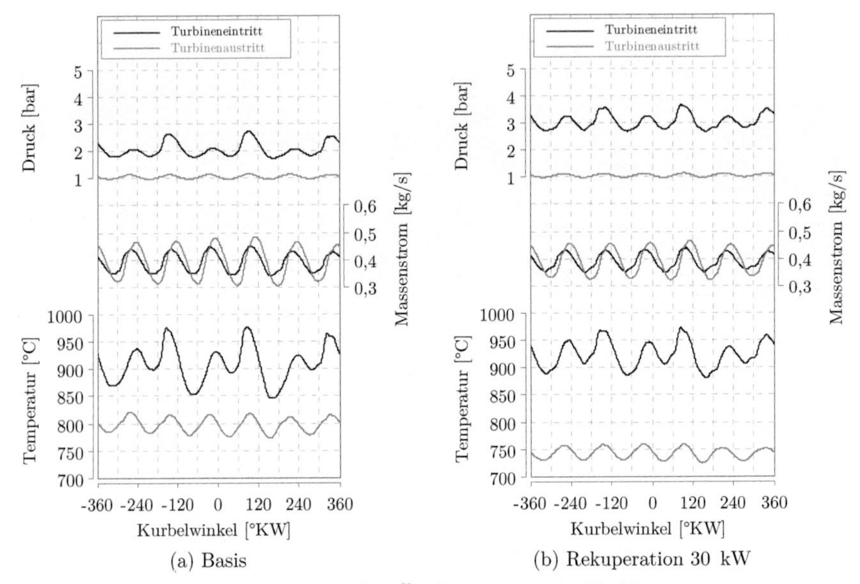

Abbildung 5.15: Thermodynamische Randbedingungen an der Turbine *(Simulation; Motordrehzahl 4750 1/min; Turboladerdrehzahl 95000 1/min; Luftverhältnis 1,08; elektrischer Wirkungsgrad 90%)*

Vergleicht man die Amplituden des Druck-, Massenstrom- und Temperaturverlaufs der Variante mit der Rekuperation und der Basisvariante so fällt auf, dass die Amplituden bei der Rekuperation jeweils verringert sind. Dies hat zur Folge, dass die Turbine konstanter beaufschlagt wird, sodass hierdurch je nach Auslegung ein Wirkungsgradvorteil möglich ist. Zur Klärung dieses Sachverhalts ist in **Abbildung 5.16** der Turbinenwirkungsgrad für beide Eintritte indiziert dargestellt. Dabei wird deutlich, dass der Wirkungsgrad der Turbine durch die diskontinuierliche Beaufschlagung stark schwankt. Auch hier ist die Zündfolge des Verbrennungsmotors ersichtlich. Während Zeitpunkten, an denen durch die Zylinder ein hoher Abgasmassenstrom ausgespült wird, tritt an der Turbine ein höherer Wirkungsgrad auf. Interessant zeigt sich, dass mit der Rekuperation von 30 kW der Turbinenwirkungsgrad generell auf einem deutlich höheren Niveau liegt als bei der Basis. Dies ist einerseits über den strömungsgünstigeren Anstellwinkel des VTG Leitapparates vgl. **Abbildung 5.3** und andererseits über die Reduktion der Laufzahl in einen vorteilhaften Bereich zu begründen. Aufgrund der geringen Amplituden der thermodynamischen Randbedingungen bei der Rekuperation ist auch die Pulsation, mit der die Turbine beaufschlagt wird, reduziert, sodass die Schwankung des Turbinenwirkungsgrades in diesem Betriebsbereich geringer ist.

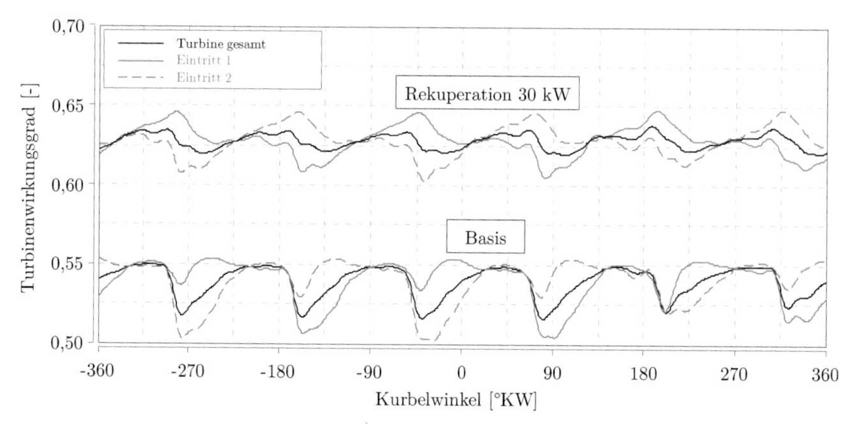

Abbildung 5.16: Einfluss der Rekuperation auf den Turbinenwirkungsgrad *(Simulation; Motordrehzahl 4750 1/min; Turboladerdrehzahl 95000 1/min; Luftverhältnis 1,08; elektrischer Wirkungsgrad 90%)*

5.5 Sensitivitätsanalyse

Die Simulation bietet die Möglichkeit, einzelne Parameter bei identischen Randbedingungen gezielt voneinander getrennt zu variieren und die sich dabei ergebenden Sensitivitäten detailliert zu analysieren. Die daraus gewonnenen Erkenntnisse liefern die Grundlage für mögliche Optimierungspotentiale, sodass die einzelnen Komponenten zielgerichtet ausgelegt und entwickelt werden können.

5.5.1 Variation der elektrischen Nutzleistung

Die Variation der elektrischen Nutzleistung ist in **Abbildung 5.17** exemplarisch durchgeführt. Da die elektrische Arbeit einer vom VET abgegebenen Energie entspricht, ist die Nutzleistung durch die Rekuperation negativ definiert. Für die Betrachtung ist der motorische Betriebspunkt mit der Motordrehzahl, dem Ladedruck und der eingespritzten Kraftstoffmasse konstant gehalten. Aufgrund der identischen Bedingungen im Ansaugpfad sind die Leistungsanforderung des Verdichters sowie die Turboladerdrehzahl während dieses simulierten Betriebspunktes gleichbleibend. Über die Variation der elektrisch rekuperierten Leistung steigt die Leistungsanforderung an die Turbine. Um einer Drehzahlabsenkung des Turboladers, welche zu einem verringerten Ladedruck führen würde, entgegenzuwirken, muss der VTG-Mechanismus weiter geschlossen werden. Durch das Schließen des VTG-Mechanismus wird der effektive Turbinenquerschnitt verkleinert und es kommt zu einer Erhöhung des Abgasgegendrucks. Dies hat zur Folge, dass das Abgasexergieangebot gesteigert wird und sich die verrichtete Turbinenleistung vergrößert. In Verbindung mit den erhöhten Ladungswechselverlusten durch den gesteigerten Abgasgegendruck geht, wie in **Abbildung 5.17** visualisiert, eine nahezu proportionale Verringerung der Motorleistung einher.

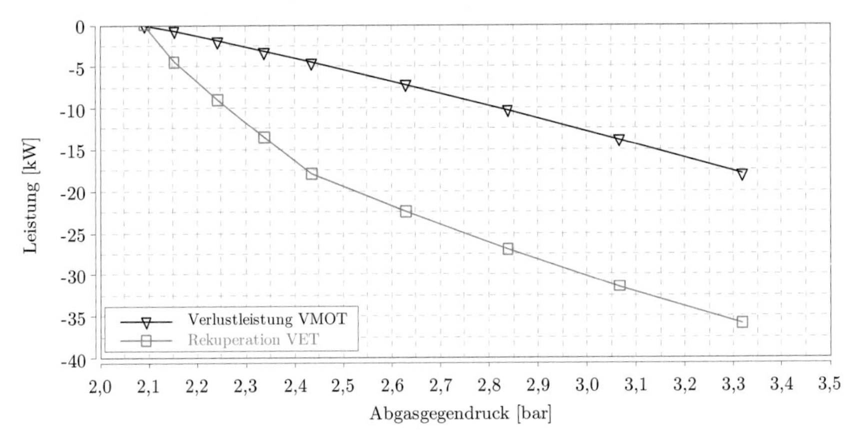

Abbildung 5.17: Leistungsverlust am Verbrennungsmotor durch VET Rekuperation *(Simulation; Motordrehzahl 4750 1/min; Turboladerdrehzahl 95000 1/min; Luftverhältnis 1,08; elektrischer Wirkungsgrad 90%)*

Durch die geringe Ventilüberschneidung bei dem untersuchten luftmengenbegrenzten Rennmotor ist der Abgasgegendruck der entscheidende Faktor für den nach dem Schließen der Auslassventile resultierenden Restgasgehalt im Brennraum der Zylinder. Wie in **Abbildung 5.18** (a) dargestellt, erhöht sich der Restgasgehalt proportional zum Abgasgegendruck. Aus dem Diagramm ist ersichtlich, dass der auf die Ladungsmasse bezogene Restgasgehalt des Verbrennungsmotors ausgehend von 2% maximal auf 3% gesteigert wird. Durch diesen sehr geringen Anteil ergibt sich ein vernachlässigbarer Einfluss auf das Brennverfahren des Verbrennungsmotors. Zusätzlich führt der gesteigerte Abgasgegendruck zu einer Erhöhung der Abgastemperatur. Dieser Sachverhalt wird nachfolgend in Abschnitt 7.2.3 detailliert untersucht.

Auffällig zeigt sich, dass die rekuperierte Leistung einen degressiven Verlauf über den Abgasgegendruck aufweist. Zunächst steigt die rekuperierte Leistung mit der Abgasgegendruckerhöhung steil an. Ab einem Abgasgegendruck von ca. 2,5 bar abs wird dieser Gradient wesentlich flacher. Dieser Effekt lässt sich über den Turbinenwirkungsgrad aus **Abbildung 5.18** (b) erklären. Im Simulationsmodell ist das am Heißgasprüfstand vermessene Turbinenkennfeld hinterlegt. Wie zuvor erläutert, muss der VTG-Mechanismus in Verbindung mit steigender elektrischer Rekuperation weiter geschlossen werden, um den Ladedruck konstant zu halten. Hierbei ergibt sich durch die Erhöhung des Abgasgegendrucks eine Änderung der Laufzahl sowie eine optimierte Leitradposition und Reduktion der Pulsation bei der Beaufschlagung der Turbine. Diese Veränderungen führen dazu, dass sich der Arbeitspunkt der Turbine in einen Kennfeldbereich mit einer erhöhten Effizienz verschiebt. Beginnend mit einem Turbinenwirkungsgrad von 53% bei 2,1 bar abs Abgasgegendruck steigert sich der Wirkungsgrad auf 64% bei 2,4 bar abs.

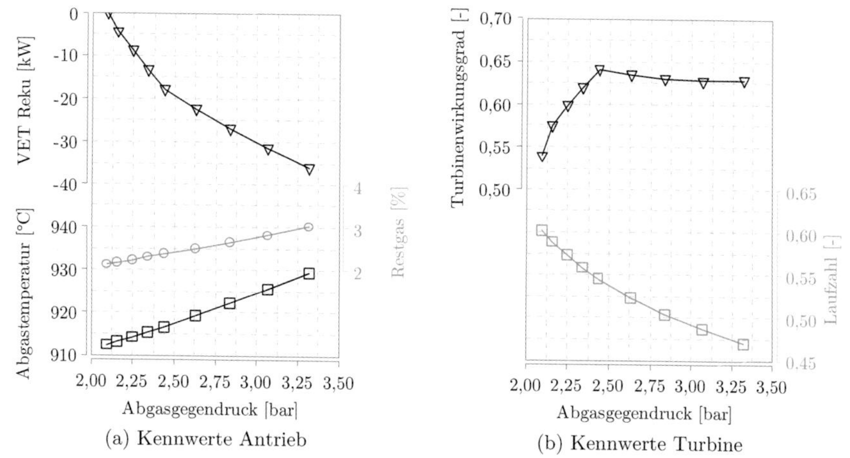

Abbildung 5.18: Einfluss der VET Rekuperation auf den Verbrennungsmotor und die Turbine
(Simulation; Motordrehzahl 4750 1/min; Turboladerdrehzahl 95000 1/min; Luftverhältnis 1,08; elektrischer Wirkungsgrad 90%)

Die weitere Steigerung des Abgasgegendrucks führt in diesem Betriebsbereich zu kaum einer Änderung des Turbinenwirkungsgrades, auch wenn die Laufzeit weiter abfällt.

5.5.2 Variation des Turbinenwirkungsgrades

Aus der vorherigen Betrachtung ist ersichtlich, dass der Turbinenwirkungsgrad einen erheblichen Einfluss auf die Leistungsfähigkeit des Turbocompound-Verfahrens hat. Im realen Turbinenkennfeld führt die Variation der thermodynamischen Randbedingungen zu einer Wirkungsgradveränderung. Um diesen Einfluss zu eliminieren, ist für die folgende Untersuchung der Turbinenwirkungsgrad im Simulationsmodell für alle thermodynamischen Randbedingungen konstant gehalten. In **Abbildung 5.19** (a) ist das Ergebnis für einen konstanten Wirkungsgrad von 60% dargestellt. Ohne elektrische Rekuperation ergibt sich in der Simulation ein Abgasgegendruck von 1,94 bar abs. Dieser Wert ist somit geringer als in der Basiskonfiguration mit dem am Heißgasprüfstand vermessenen Turbinenkennfeld. Um eine elektrische Leistung von 30 kW zu erreichen, ist bei einem Wirkungsgrad von 60% ein Abgasgegendruck von 3,15 bar abs notwendig. Anhand der Steigerung des Turbinenwirkungsgrades auf 85% im Simulationsmodell zeigt sich in **Abbildung 5.19** (b), dass die Zielleistung schon mit einem wesentlich geringeren Abgasgegendruck erreichbar ist.

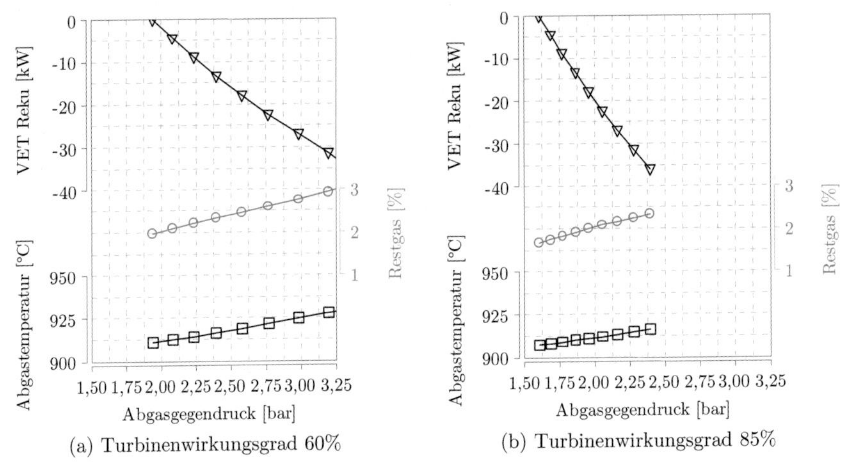

(a) Turbinenwirkungsgrad 60%

(b) Turbinenwirkungsgrad 85%

Abbildung 5.19: Variation des Turbinenwirkungsgrades 60% und 85% *(Simulation; Motordrehzahl 4750 1/min; Turboladerdrehzahl 95000 1/min; Luftverhältnis 1,08; elektrischer Wirkungsgrad 90%)*

Durch die Turbinenwirkungsgradsteigerung stellt sich ein Abgasgegendruck von 1,61 bar abs ohne Rekuperation ein. Dies hat eine sinkende Abgastemperatur sowie einen geringeren Restgasgehalt zur Folge. Für die elektrische Rekuperation von 30 kW ist mit diesem äußerst guten Turbinenwirkungsgrad nur ein Abgasgegendruck von 2,2 bar abs notwendig. Dieser Wert liegt in einem ähnlichen Bereich wie der Abgasgegendruck des konventionellen Turboladers ohne Rekuperation.

Im Anhang sind zusätzlich die Abbildungen für einen Turbinenwirkungsgrad von 65% bis 80% dargestellt. Der dabei resultierende Abgasgegendruck ohne Rekuperation und die mögliche elektrische Rekuperationsleistung bei einem Abgasgegendruck von 2,5 bar abs sind in **Tabelle 5.2** zusammenfassend dargestellt. Hierbei wird der wesentliche Einfluss des Turbinenwirkungsgrades auf die mögliche elektrische Rekuperationsleistung deutlich. Während bei einem Turbinenwirkungsgrad von 60% mit einem Abgasgegendruck von 2,5 bar abs eine Leistung von 16 kW realisierbar ist, so verdoppelt sich diese Leistung durch einen Turbinenwirkungsgrad von 70% bei einem identischen Abgasgegendruck. Für ein effizientes Turbocompound-Verfahren ist es deshalb von entscheidender Bedeutung, dass der Turbinenwirkungsgrad für die Betriebsrandbedingungen möglichst optimal ausgelegt ist.

Die Turbinenkennfelder von konventionellen Turboladern mit VTG-Mechanismus sind für ein gutes Ansprechverhalten mit einer großen Kennfeldspreizung gestaltet. Dies führt einerseits zu einem guten Wirkungsgrad in einem weiten Kennfeldbereich, andererseits ergeben sich Nachteile für den Maximalwirkungsgrad.

Tabelle 5.2: Einfluss des Turbinenwirkungsgrades auf den Abgasgegendruck und die mögliche elektrische Rekuperationsleistung bei 2,5 bar abs *(Simulation)*

Turbinen-wirkungsgrad [%]	Abgasgegendruck ohne Rekuperation [bar abs]	Rekuperationsleistung bei 2,5 bar abs Abgasgegendruck [kW]
60	1,94	16,3
65	1,85	21,4
70	1,77	26,1
75	1.71	31,2
80	1,65	35,0
85	1,61	40,1

Da bei dem hier untersuchten Turbocompound-Verfahren die direkte Kopplung der MGU-H mit dem Turbolader zusätzlich das elektrische Antreiben zur Unterstützung des Ladedruckaufbaus erlaubt, ist es möglich, auf eine große Kennfeldspreizung zu verzichten und das Turbinenkennfeld für einen optimalen Maximalwirkungsgrad auszulegen.

5.5.3 Transienter Ladedruckaufbau

Für das Ansprechverhalten des aufgeladenen Verbrennungsmotors ist der Ladedruckaufbau für die Leistungsfähigkeit von besonderer Bedeutung. Aufgrund der im Rundkurs periodisch auftretenden Schubphasen tritt in diesem Betriebsbereich eine Reduktion der Turboladerdrehzahl auf, sodass in der anschließenden Beschleunigungsphase nicht sofort der ideale Ladedruck vorhanden ist. Um das Ansprechverhalten zu verbessern, sind unterschiedliche Betriebsstrategien denkbar. Eine Möglichkeit besteht darin, den Turbolader während der gesamten Bremsphase durch elektrische Unterstützung (Boost) auf Zieldrehzahl zu halten. Durch diese Betriebsstrategie wird sichergestellt, dass zu jedem Zeitpunkt immer der ideale Ladedruck vorhanden ist.

Eine weitere Möglichkeit besteht darin, den Turbolader in Abhängigkeit der Motorlastanforderung bedarfsgerecht elektrisch anzutreiben. Hierbei wird der Turbolader, prädiktiv oder auch exakt zu dem Zeitpunkt, an dem der Fahrer die Lastanforderung stellt, elektrisch unterstützt, sodass der Ladedruckaufbau und somit das Ansprechverhalten verbessert wird. Aus energetischer Betrachtung wird deutlich, dass in langen Bremsphasen mit konstanter elektrischer Leistungsunterstützung eine höhere Energie vonnöten ist als bei der bedarfsgerechten elektrischen Unterstützung des

Turboladers. Andererseits ist es in kurzen Schubphasen aus energetischer Sicht sinnvoller, die Turboladerzieldrehzahl aufrechtzuerhalten, anstatt seine Drehzahl abfallen zu lassen, um kurz darauf die Rotationsenergie wieder zuzuführen. Für die Berechnung der Nutzenschwelle wird hier eine energetische Betrachtung durchgeführt. Die Rotationsenergie berechnet sich nach

$$E_{\text{rot}} = \frac{I_x \omega^2}{2}. \tag{5.60}$$

Der Energiebedarf der notwendig ist, um den Turbolader auf eine Drehzahl von 110000 1/min zu beschleunigen, ist in **Abbildung 5.20** sowohl für den variablen elektrischen Turbolader (VET) als auch den konventionellen Turbolader mit VTG-Mechanismus dargestellt. Für den VET ist aufgrund seines größeren polaren Massenträgheitsmoments von ca. 16% im Vergleich zu dem konventionellen Turbolader der Energiebedarf zur Beschleunigung erhöht.

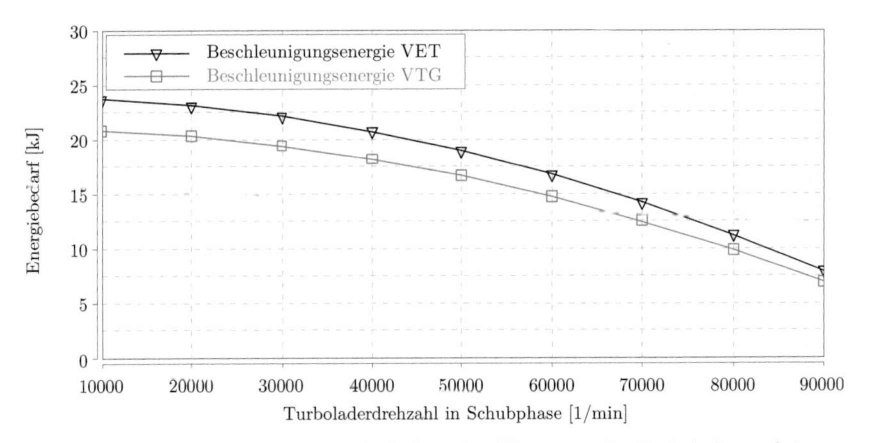

Abbildung 5.20: Berechnung Energiebedarf zur Beschleunigung des Turboladers auf eine Drehzahl von 110000 1/min

Anhand dieser Berechnung lässt sich das Energieäquivalent zwischen den Betriebsstrategien

- Turboladerdrehzahl aufrechterhalten und der
- bedarfsgerechten elektrischen Unterstützung

ermitteln. Beispielsweise wird zur Beschleunigung des variablen elektrischen Turboladers, ausgehend von einer Drehzahl von 60000 1/min auf 110000 1/min, eine Energie von 17 kJ benötigt. Würde der Leistungsbedarf 17 kW betragen, um den Turbolader während einer Schubphase auf Drehzahl zu halten, so ergäbe sich ein energetischer Vorteil der bedarfsgerechten elektrischen Unterstützung, sobald die Schubphase länger als eine Sekunde andauert.

5.5.4 Variation der elektrischen Unterstützung des Turboladers

Die Sensitivitätsanalyse des Einflusses der elektrischen Unterstützung des VET auf den dynamischen Ladedruckaufbau ist in **Abbildung 5.21** dargestellt. Die im Abschnitt 7.3 vorgestellten Messungen sind an einem leicht modifizierten R18 Motor mit einer Hubraumsteigerung auf 4,0 l durchgeführt.

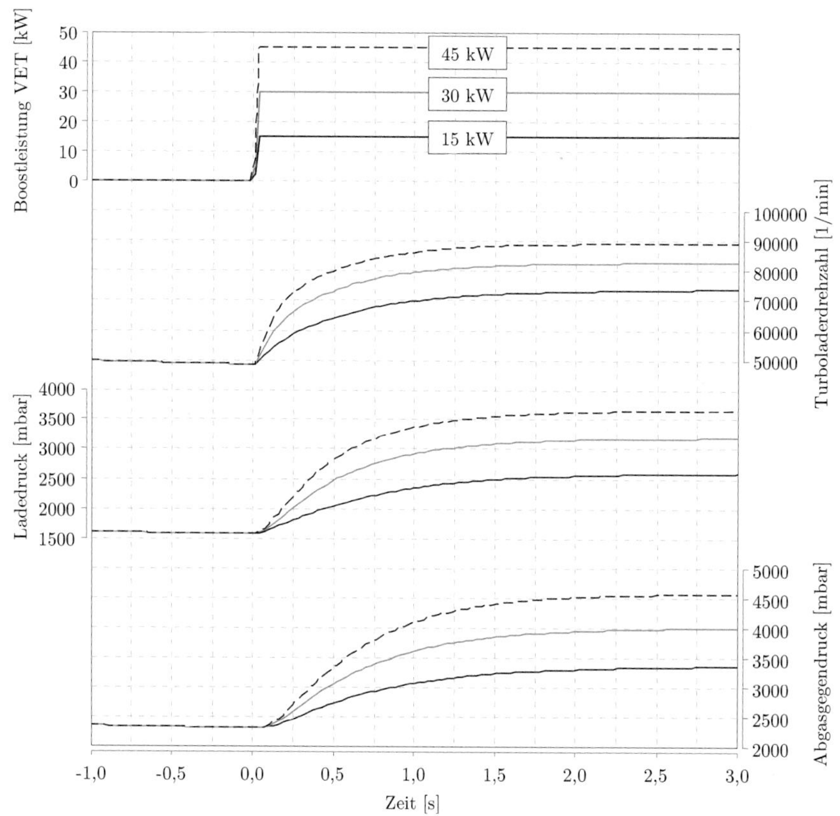

Abbildung 5.21: Simulation des dynamischen Ladedruckaufbaus *(4000 1/min, Schubbetrieb, VTG maximal geschlossen, Saugrohrvolumen 9 l, Verdichterrad 102 mm, Hubraum 4 l)*

Zusätzlich ist das Verdichterrad auf einen Durchmesser von 102 mm vergrößert. Um die Randbedingung zwischen Simulation und Messung vergleichbar zu halten, basiert die dargestellte Simulation auf diesem Aggregat.

Die elektrische Unterstützung (Boostleistung VET) wird zu dem Zeitpunkt $t = 0$ s im Simulationsmodell als Leistungssprung der Turboladerhauptwelle aufgeprägt. Die Simulation ist mit einer elektrischen Zusatzleistung von 15 kW, 30 kW und 45 kW durchgeführt. In der Berechnung befindet sich der Motor im Schubbetrieb und der VTG-Mechanismus ist maximal geschlossen. Obwohl die Drehzahl konstant bei 4000 1/min gehalten wird, ist diese Betrachtung für eine typische Schubphase im Rennbetrieb zweckmäßig. Mit der geringsten elektrischen Zusatzunterstützung von 15 kW ergibt sich ein Ladedruck von ca. 2500 mbar abs nach 1,4 Sekunden. Daraus lässt sich der Energiebedarf zu 21,0 kJ berechnen. Mit einer elektrischen Unterstützung von 45 kW wird dieser Ladedruck schon nach 0,35 Sekunden bei einem Energiebedarf von lediglich 15,75 kJ erreicht. Durch diese Betrachtung wird deutlich, dass eine möglichst hohe elektrische Leistung für die Betriebsart des bedarfsgerechten Unterstützens sowohl zu einem sehr guten Ladedruckaufbau führt als auch energetisch optimal ist.

Zum Zeitpunkt, an dem die zusätzliche elektrische Leistung freigegeben wird, steigt gleichzeitig die Turboladerdrehzahl an. Der Ladedruckaufbau zeigt dagegen ein trägeres Verhalten. Die Ursache hierfür sind die großen Volumina in der Ladeluftstrecke bei dem untersuchten Motor. Dabei wird deutlich, dass für ein optimales Ansprechverhalten des Verbrennungsmotors der Ansaug- und Abgaspfad möglichst kleinvolumig ausgeführt sein muss. Durch die elektrische Unterstützung erhöhen sich nicht nur die Turboladerdrehzahl und der Ladedruck, sondern auch der Abgasgegendruck. Dies bewirkt einen sich selbst verstärkenden Effekt. In **Abbildung 5.22** ist die elektrische Zusatzleistung, die abgegebene Turbinenleistung sowie die Verdichterleistung dargestellt. Mit Hilfe der Gleichung (5.47) kann die Turboladerhauptgleichung des elektrisch unterstützen Turboladers für den dynamischen Betrieb mit

$$P_{\mathrm{dyn}} = P_{\mathrm{V}} - P_{\mathrm{T}} - P_{\mathrm{ETC}} \tag{5.61}$$

formuliert werden. Dabei entspricht P_{dyn} der Leistung, mit der das Laufzeug des Turboladers beschleunigt wird. In der Simulation wird, ausgehend von einem stationären Betriebspunkt (Leistungsgleichgewicht an der Turboladerwelle), eine elektrische Leistung aufgeprägt. Über die Leistungsbilanz aus Gleichung (5.61) lässt sich erkennen, dass diese elektrische Leistung zunächst ausschließlich zur Beschleunigung des Turboladers aufgewendet wird. Unabhängig von der Höhe der elektrischen Zusatzleistung stellt sich nach etwa 2,5 Sekunden wieder eine nahezu konstante Turboladerdrehzahl ein. Das erreichte Leistungsgleichgewicht wird zwischen Turbine, Verdichter und MGU-H erreicht. Dabei wird ersichtlich, dass die elektrische Zusatzleistung nicht nur für eine Erhöhung der Verdichterleistung sorgt, sondern auch die Turbinenleistung indirekt erhöht wird. Infolge der elektrischen Unterstützung wird der Ladedruck gesteigert. Dies bewirkt eine Erhöhung des Luftmassendurchsatzes am Verbrennungsmotor. Bei einem identischen effektiven Turbinenquerschnitt erhöht sich somit der Abgasgegendruck, was zu einer Steigerung der Abgasexergie vor der Turbine führt. Durch diesen Effekt wird im stationären Betrieb mit einer elektrischen Unterstützung von 15 kW, die Antriebsleistung des Verdichters um fast 30 kW gesteigert. Der sich dabei ergebende Verstärkungsfaktor verhält sich in Abhängigkeit der elektrischen Unterstützung unterproportional. Bei einer elektrischen Zusatzleistung von 45 kW wird die Verdichterleistung um ca. 70 kW erhöht, sodass sich hier der Verstärkungsfaktor, ausgehend von 2 bei 15 kW elektrischer Unterstützung, auf etwa 1,56 bei 45 kW elektrischer Unterstützung reduziert.

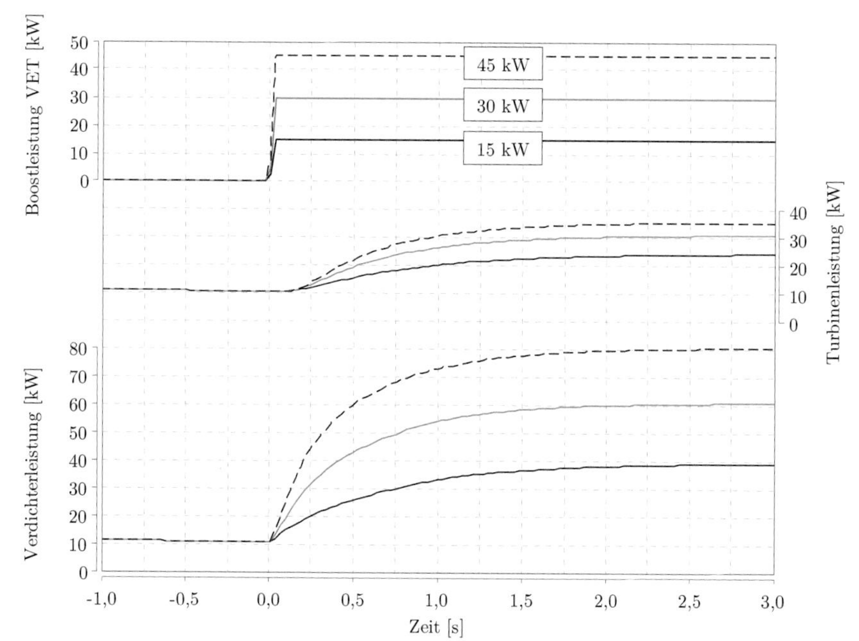

Abbildung 5.22: Simulation des dynamischen Ladedruckaufbaus mit Leistungsdaten *(4000 1/min, Schubbetrieb, VTG maximal geschlossen, Saugrohrvolumen 9 l, Verdichterrad 102 mm, Hubraum 4 l)*

Anhand dieser Anschauung wird deutlich, dass eine elektrische Unterstützung des Turboladers den Ladedruckaufbau um ein Vielfaches verbessert und in Abhängigkeit der Systemauslegung ein Teil der elektrisch eingesetzten Energie zurückgewonnen werden kann. Im realen Betrieb besteht die Möglichkeit, mit gesteigertem Ladedruck zusätzlich mehr Einspritzmenge freizugeben, sodass sich in Verbindung mit der Ladedrucksteigerung zusätzlich eine Erhöhung der Abgasenthalpie ergibt. Hierdurch ist eine weitere Verbesserung des Ansprechverhaltens vom Verbrennungsmotor gegeben. Da dieser Effekt während der Vollastbeschleunigung stark von der durch die Schlupfgrenze der Reifen limitierten übertragbaren Leistung abhängt, erfolgt hier keine weitere simulative Untersuchung.

5.6 Gesamtpotential des Turbocompound-Verfahrens

Das vorrangige Ziel des Turbocompound-Verfahrens ist die Effizienzsteigerung des Gesamtantriebs. Durch die elektrisch rekuperierte Leistung ergibt sich einerseits eine zusätzliche Antriebsleistung an der elektrischen Vorderachse, andererseits treten über die Steigerung des Abgasgegendrucks erhöhte Ladungswechselverluste auf. Die mögliche Effizienzsteigerung bildet die sich dabei ergebende Bilanz des Gesamtantriebs. Für die elektrisch rekuperierte Leistung des VET müssen die Wirkungsgrade der einzelnen Komponenten bis zur Nutzung über den Vorderachsantrieb berücksichtigt werden. Der Leistungspfad II aus **Abbildung 5.6** entspricht der zurückgelegten Wirkungsgradkette für die direkte Nutzung der elektrisch rekuperierten Energie ohne Zwischenspeicherung. Für **Abbildung 5.23** ist deshalb sowohl für den VET mit Leistungselektronik (HERS) als auch für die elektrische Maschine der Vorderachse mit Leistungselektronik (KERS) ein Wirkungsgrad von jeweils 90% angenommen.

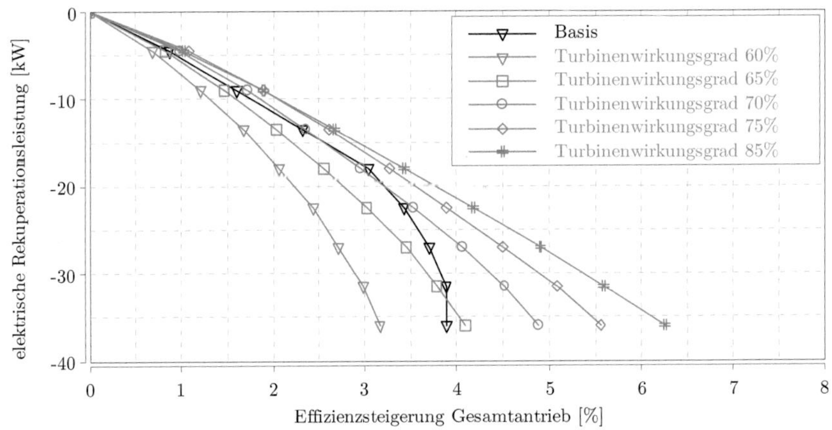

Abbildung 5.23: Gesamtpotential des Turbocompound-Verfahrens mit einem elektrischen Wirkungsgrad HERS 90% und KERS 90%
(Simulation; Motordrehzahl 4750 1/min; Turboladerdrehzahl 95000 1/min; Luftverhältnis 1,08)

Mit dem realen Turbinenkennfeld, welches am Heißgasprüfstand vermessen wurde, ergibt sich im untersuchten Betriebspunkt des Verbrennungsmotors bei einem Leistungsbereich der elektrischen Rekuperation von ca. 32-36 kW eine maximale Effizienzsteigerung von etwa 3,8%. Auffällig ist, dass schon ab einer Rekuperationsleistung von 25 kW eine Effizienzsteigerung von ca. 3,5% erreicht wird. Eine weitere Steigerung der Rekuperationsleistung führt zu einem überproportional hohen Anstieg der Verluste, sodass dies nicht zielführend ist.

Eine Verbesserung des Turbinenwirkungsgrades führt zu einer Erhöhung des Potentials zur Effizienzsteigerung des Gesamtantriebs bei gleicher Rekuperationsleistung. Im untersuchten Leistungsbereich ist mit einem simulierten Turbinenwirkungsgrad von 85% rein über die Rekuperation eine Effizienzsteigerung von über 6% realisierbar.

In **Abbildung 5.24** zeigt sich, dass durch eine Wirkungsgradsteigerung der elektrischen Komponenten des HERS und KERS auf jeweils 95% im untersuchten Betriebsbereich noch keine Sättigung der maximalen Effizienzsteigerung des Gesamtantriebs zu verzeichnen ist.

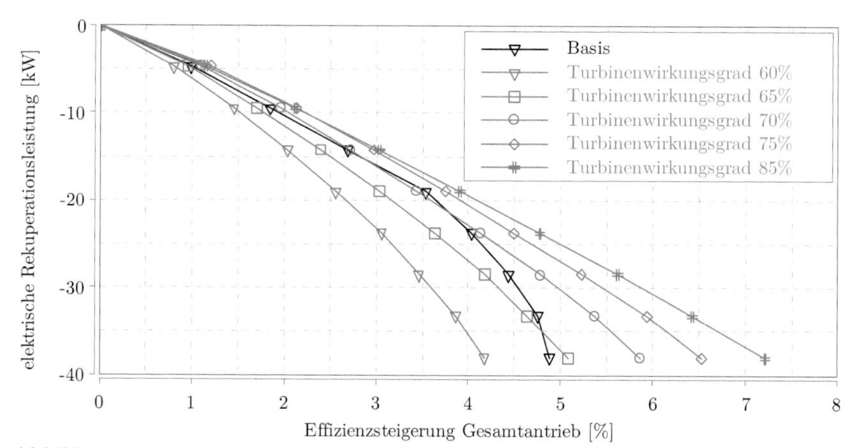

Abbildung 5.24: Gesamtpotential des Turbocompound-Verfahrens mit einem elektrischen Wirkungsgrad HERS 95% und KERS 95%
(Simulation; Motordrehzahl 4750 1/min; Turboladerdrehzahl 95000 1/min; Luftverhältnis 1,08)

Insbesondere bei hohen elektrisch rekuperierten Leistungen über den VET ist der elektrische Wirkungsgrad für die Effizienzsteigerung des Antriebs von Bedeutung. Aus der Betrachtung wird hingegen ersichtlich, dass der Turbinenwirkungsgrad einen wesentlich größeren Einfluss hat und ein Hauptkriterium bei der Optimierung des Turbocompound-Verfahrens bildet.

Anhand der durchgeführten simulativen Betrachtung des elektrischen Turbocompound-Verfahrens am R18 Motor zeigt sich, dass die verwendete Turbinenstufe im untersuchten Betriebsbereich bis zur einer elektrischen Rekuperationsleistung von ca. 35 kW geeignet ist. Deshalb erfolgt die Entwicklung des VET zunächst mit dieser Auslegung, wobei hier noch zusätzliches Optimierungspotential vorhanden ist. Weiter geht aus der Simulation hervor, dass eine elektrische Auslegung mit einer Maximalleistung von 50 kW sowohl für die elektrische Unterstützung des Turboladers als auch für die Rekuperation von Abgasenergie zielführend ist.

6 Komponentenentwicklung des Turbocompound-Verfahrens

Die konstruktive Umsetzung des Zielsystems wurde mit zwei Entwicklungspartnern durchgeführt. Magneti Marelli Motorsport war hierbei für die elektrischen Komponenten, bestehend aus der Leistungselektronik CU-H und der elektrischen Maschine MGU-H, zuständig. Der für die Integration der elektrischen Maschine notwendige Turbolader wurde in Zusammenarbeit mit Honeywell Turbo Technologies entwickelt.

6.1 Anordnung der elektrischen Maschine

Im vorherigen Kapitel wurde aufgezeigt, dass das Turbocompound-Verfahren, mit der Möglichkeit den Turbolader elektrisch zu unterstützen, für die Anwendung im Motorsport besonders zielführend ist. Daraus wird die direkte Kopplung der drei Komponenten

- Verdichter,
- Turbine und
- elektrische Maschine

erforderlich. Aufgrund der Randbedingungen im Rennsport wird ein möglichst leichtes Konzept bevorzugt. Deshalb ist es notwendig, die elektrische Maschine auf einer gemeinsamen Welle mit dem Turbolader zu verbinden. Die relevanten Anordnungen sind in **Abbildung 6.1** schematisch dargestellt.

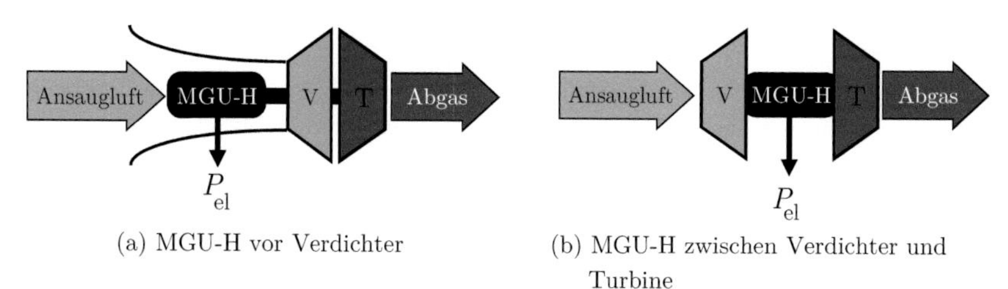

(a) MGU-H vor Verdichter

(b) MGU-H zwischen Verdichter und Turbine

Abbildung 6.1: Möglichkeiten zur direkten Anordnung der MGU-H mit dem Turbolader

Zusätzlich sind in **Tabelle 6.1** die wesentlichen Kriterien der verschiedenen Möglichkeiten zur direkten Kopplung der elektrischen Maschine mit dem Turbolader gegenübergestellt. Die Anordnung bei der sich die **MGU-H vor dem Verdichter** (a) befindet, bietet den Vorteil, dass der Turbolader und die elektrische Maschine weitestgehend autark voneinander entwickelt werden können und aus rotordynamischer Betrachtung jede Komponente eine eigene Einheit bildet. Der Lufteintritt in den

Verdichter ist sowohl radial als auch axial darstellbar. Während bei der radialen Anordnung die Strömungsumlenkung vor dem Verdichter Wirkungsgradnachteile liefert, ist es bei der axialen Konfiguration möglich, den Massenstrom, der dem Verdichter zugeführten Luft, als Kühlluft der MGU-H zu verwenden. Gleichzeitig führt die erforderliche Kühlung der elektrischen Maschine zu einer Erwärmung der Ansaugluft und folglich zu einer Erhöhung der notwendigen Antriebsleistung des Verdichters. Über einen berechneten Kühlbedarf der elektrischen Maschine von etwa $P_{\text{Kühl}} = 3$ kW bei maximaler elektrischer Leistung und einem vom Verdichter angesaugten Luftmassenstrom von $\dot{m}_{\text{L}} = 1400$ kg/h ergibt sich eine Erhöhung der Frischlufttemperatur um

$$\Delta T_{\text{ans}} = \frac{P_{\text{Kühl}}}{c_{\text{p}} \dot{m}_{\text{L}}} = 7{,}68 \text{ K}. \tag{6.1}$$

Die Temperatur der Ansaugluft geht nach Gleichung (4.9) linear in die Antriebsleistung des Verdichters ein. Somit ergibt sich durch die Erwärmung der Ansaugluft auf 300,83 K eine Erhöhung der Antriebsleistung des Verdichters um

$$\frac{(293{,}15+7{,}68)\text{ K}}{293{,}15\text{ K}} - 1 = 2{,}6\%. \tag{6.2}$$

Die Bestimmung der genauen Rotorposition ist über die Verwendung eines Drehwinkelgebers am freien Ende der MGU-H möglich. Im Reglement ist vorgeschrieben, dass der Restriktor über ein kegelförmiges Bauteil mit dem Verdichter verbunden sein muss, sodass diese Lösung unter den Gesichtspunkten des Reglements nicht möglich ist [35]. Zusätzlich zeigt sich sowohl die Notwendigkeit einer Kupplung zur Verbindung der beiden Komponenten als auch die zusätzliche Lagerung der elektrischen Maschine nachteilig. Als Lagerkonzept kommt hierbei eine Luft-, Magnet-, Kugel- oder Gleitlagerung in Frage.

Bei der Anordnung der **MGU-H zwischen dem Verdichter und der Turbine** kann die Lagerung der Turboladerhauptwelle verwendet werden. So wird keine weitere Lagerstelle erforderlich. Dennoch ist die rotordynamische Auslegung durch die lange Turboladerhauptwelle mit großem Lagerabstand besonders anspruchsvoll. Zur exakten Bestimmung der Phasenlage des Rotors ist im gegebenen Bauraum keine direkte Messung mittels Drehwinkelgeber möglich, sodass hierfür ein Algorithmus entwickelt werden muss.

Die Magneten auf der Rotorwelle dürfen lediglich einer maximalen Temperatur von 180 °C ausgesetzt werden, um eine Entmagnetisierung zu vermeiden. Infolge dieser Anforderung muss die Welle gekühlt werden. Bei der integrierten Lösung ist die Rotorkühlung eine weitere Herausforderung.

Anhand der Gesamtbewertung zeigt sich die Variante, bei der die MGU-H zwischen dem Verdichter und der Turbine angeordnet ist, trotz erhöhter Komplexität als zielführend.

Tabelle 6.1: Bewertung der möglichen Anordnungen zur direkten Kopplung der elektrischen Maschine mit dem Turbolader

	(a) MGU-H vor Verdichter	(b) MGU-H zwischen Verdichter und Turbine
Masse	-	0
Lagerung	-	+
Rotordynamik	+	-
Reglement	--	++
Einfluss auf Turbolader	--	0
Bauraum	--	+
Kühlung	++	-
Drehzahlerkennung	++	-
Summe -	8	3
Summe +	5	4
Gesamtsumme	-3	1

Aufgrund dieser Bewertung wird die konstruktive Umsetzung des Turbocompound-Verfahrens anhand der integrierten Lösung durchgeführt.

6.2 Konstruktiver Aufbau

Die Anordnung der elektrischen Maschine zwischen Verdichter und Turbine erfordert aufgrund der notwendigen Änderungen eine Neuentwicklung des Turboladers. Diese Neuentwicklung ist anhand fünf verschiedener Varianten von Versuchsträgern durchgeführt. Dabei sind die ersten vier Varianten ohne elektrische Komponente ausgeführt. Erst die letzte Variante entspricht einem elektrisch voll funktionsfähigen VET mit einer MGU-H. In **Tabelle 6.2** sind die wesentlichen Entwicklungsziele der analysierten Versuchsträger dargestellt.

Der Rotor der elektrischen Maschine ist über eine Keilwellenverzahnung mit der Turboladerhauptwelle verbunden. Da der Durchmesser dieser Keilwellenverzahnung größer ist als der Innendurchmesser der Turboladerlagerung, kann die Lagerung nicht wie beim konventionellen R18 Turbolader ausschließlich über die Verdichterseite auf die Welle aufgebracht werden. Folglich darf das Turbinenrad nicht wie bei konventionellen Turboladern mit der Turboladerwelle fest verschweißt sein.

Die Versuchsträger mit der Bezeichnung Demonstrator A und B dienen der Überprüfung eines geschraubten sowie eines gebohrten Turbinenrads. Die Ergebnisse dieser Untersuchung sind auch unter dem Aspekt der Serienrelevanz von Bedeutung, da hierdurch unterschiedliche Materialpaarungen dieser Komponenten möglich werden und somit ein Kostenvorteil bei geeigneter Paarung zu erwarten ist. Sowohl Demonstrator A als auch Demonstrator B wurden erfolgreich am Heißgasprüfstand getestet. Anhand der Simulationsergebnisse zeigt sich für die gebohrte Lösung eine erhöhte mechanische Belastung im Turbinenrad während des Betriebs. Da die komplexere Fertigung des geschraubten Turbinenrads mit eingeschweißter Innengewindehülse trotz der anfänglichen Skepsis bezüglich der Prozesssicherheit zu einem sehr guten Ergebnis führte, ist diese Lösung des Demonstrators B für alle weiteren Baustufen definiert. Demonstrator C dient der Erprobung der neuen Lagerung. Über eine konstruktive Anpassung am vorhandenen Lagergehäuse erfolgt die Untersuchung der beiden Lager in O-Anordnung am konventionellen Turbolader, um die Rotordynamik der Turboladerhauptwelle im ersten Schritt geringstmöglich zu beeinflussen.

Tabelle 6.2: Versuchsträger und deren Funktionsprüfung

	Versuchsträger				
Funktion	Dem A	Dem B	Dem C	Dem D	VET
Turbinenrad gebohrt	X				
Turbinenrad geschraubt		X	X	X	X
Lagerung getrennt			X	X	X
Lagerabstand groß				X	X
neues Kühlungskonzept				X	X
Spülluftversorgung				X	X
elektrische Komponenten					X

Der in **Abbildung 6.2** dargestellte Demonstrator D entspricht geometrisch exakt dem variablen elektrischen Turbolader (VET). Durch die Trennung in einen elektrischen und einen baugleichen nicht elektrischen Funktionsträger ist es möglich, anhand des Demonstrator D eine mechanische Überprüfung am Motorprüfstand sowie eine Untersuchung des gesamten Kühlsystems durchzuführen.

Der VET zeichnet sich durch die Kombination aus einem

- variablen Leitapparat am Turbineneintritt (VTG) und einer
- Motorgenerator-Einheit (MGU-H)

aus. Durch die maximale elektrische Leistung von 50 kW ergibt sich in Verbindung mit der integrierten MGU-H eine sehr lange Turboladerhauptwelle.

Die Kühlung des Stators der elektrischen Maschine erfolgt über einen Niedertemperaturkühlwasserkreislauf. Die Rückwand des Turbinengehäuses ist zusätzlich über das

Motorkühlwasser, welches sich auf einem höheren Temperaturniveau befindet, gekühlt. Dieser Kühlkanal verbindet zwei Funktionen. Zum einen dient er der Kühlung des VTG- Mechanismus und zum anderen wird er genutzt, um eine thermische Trennung der heißen Turbine von der elektrischen Maschine zu erreichen, sodass der Wärmeeintrag in den Niedertemperaturkreislauf möglichst gering ausfällt.

Die Kühlung ermöglicht es, dass das Centergehäuse, in dem sowohl die MGU-H als auch die Lagerung montiert sind, aus Aluminium gefertigt ist. Durch das Verdichtergehäuse aus Magnesium wird weiterer Leichtbau erreicht. Aufgrund der hohen Temperaturbelastung der Turbine wird in diesem Bereich eine hochtemperaturbeständige Nickel-Basislegierung verwendet.

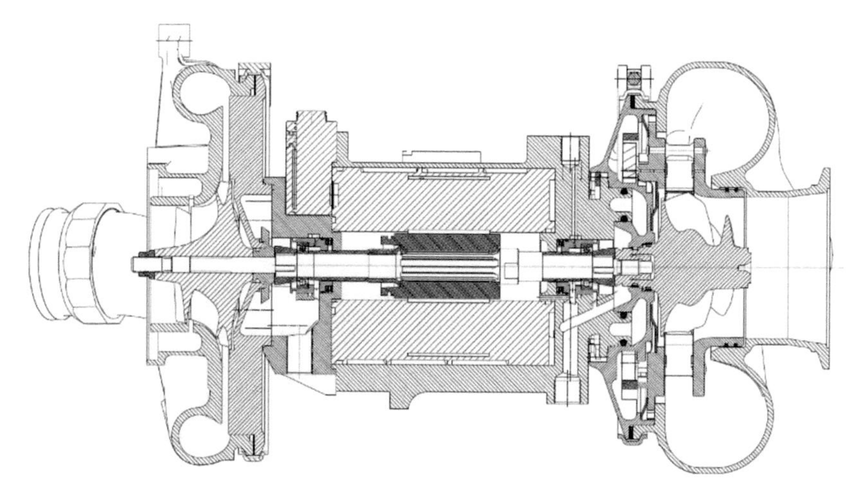

Abbildung 6.2: Schnittdarstellung des Demonstrator D für die VET Entwicklung

Für ein gutes Ansprechverhalten des Turboladers ist ein geringes Massenträgheitsmoment notwendig. Die Massenträgheitsmomente für die Komponenten des VET sind in **Tabelle 6.3** aufgeführt. Da bei der Konstruktion des Rotors besonderer Wert auf eine hohe Leistungsdichte bei geringem Durchmesser gelegt ist, ergibt sich im Vergleich zum konventionellen Turbolader eine Erhöhung des Massenträgheitsmoments von lediglich 16%.

Aufgrund der hohen Dichte des Hochtemperaturwerkstoffes, aus dem das Turbinenrad gefertigt ist, hat der zusätzliche elektrische Rotor nur einen geringen Einfluss auf das Massenträgheitsmoment des Turboladerlaufzeugs.

Tabelle 6.3: Massenträgheitsmoment der rotierenden VET Komponenten

Komponente	Massenträgheitsmoment [kgm²]
Turbinenrad	$2{,}48 \cdot 10^{-4}$
Verdichterrad	$5{,}38 \cdot 10^{-5}$
Rotor	$4{,}60 \cdot 10^{-5}$
Turboladerhauptwelle mit Lagerung (Innenring)	$5{,}51 \cdot 10^{-6}$
Druckscheibe	$4{,}96 \cdot 10^{-6}$
Befestigungsmutter	$1{,}71 \cdot 10^{-6}$
Gesamt	$3{,}60 \cdot 10^{-4}$

Das Verdichterrad aus Magnesium des VET hat nur 67,5% des Massenträgheitsmoments der Aluminiumvariante. Hierdurch wird eine Reduktion des polaren Trägheitsmoments der Gesamtturboladerhauptwelle um 6,7% ermöglicht.

6.2.1 Lagerung und Schmierung

Die Lagerung erfolgt über zwei hochpräzise Spindelkugellager in O-Anordnung mit einem Durchmesser des Innenrings von 12 mm. Für die Hochdrehzahlanwendung werden Keramikkugeln, welche in einem Phenolharzkäfig geführt werden, verwendet. Sie sind für eine Maximaldrehzahl von 130000 1/min ausgelegt. Die Schmierung erfolgt über eine Druckölversorgung mit 3 bar abs, welche vom Verbrennungsmotor zur Verfügung gestellt wird. In der Rennsportanwendung wird dieses Schmieröl des Turboladers über Saugstufen abgesaugt und in den Öltank der Trockensumpfschmierung gefördert. Das Druckniveau der Ölabsaugung ist auf ca. 600 mbar abs ausgelegt.

6.2.2 Kühlkonzept

Das Kühlkonzept des variablen Turboladers mit integrierter elektrischer Maschine ist aufgrund der Temperaturbeanspruchung, die insbesondere durch den Abgasmassenstrom auf die Turbine einwirkt, sehr anspruchsvoll. Dabei ist es zwingend erforderlich, dass jedes Bauteil, bezüglich der Maximaltemperatur, unterhalb seiner zulässigen Grenze bleibt. Gerade die Leistungsfähigkeit der elektrischen Maschine hängt im Wesentlichen von einer möglichst idealen Kühlung ab. Um dieser Anforderung gerecht zu werden, sind verschiedene Kühlkreisläufe mit dem VET verbunden, deren Funktion und Wirkungsweise im Weiteren vorgestellt werden.

Kühlwasserkreislauf Hochtemperatur/Motorkühlwasser

Der Hochtemperaturwasserkreislauf dient beim konventionellen R18 Turbolader in erster Linie zur Kühlung des VTG-Mechanismus. Ein Teilstrom des Motorkühlwassers wird in einen Ringkanal zwischen Turbinengehäuse und Centergehäuse gefördert. Bei dem konventionellen Turbolader ist es somit möglich, ein Centergehäuse aus Aluminium zu verwenden. In Verbindung mit dem variablen elektrischen Turbolader hilft diese Kühlung, den Stator der MGU-H weitestgehend thermisch von dem heißen Turbinengehäuse zu isolieren. Durch umfangreiche thermische Simulationen wurde die Wärmeübergangsfläche optimal ausgelegt, sodass der Niedertemperaturkreislauf möglichst gering belastet wird. Der Wärmeeintrag des Turbinengehäuses in den Niedertemperaturkreislauf ist somit mit max. 2 kW anzusetzen.

Kühlwasserkreislauf Niedertemperatur

Die Kühlung der Leistungselektronik und der MGU-H unter Verwendung des Motorkühlwassers ist aufgrund dessen hohen Temperaturniveaus nicht zweckmäßig. Für eine optimale elektrische Leistungsdichte ist somit ein zusätzlicher Niedertemperaturkreislauf erforderlich. Die beiden elektrischen Komponenten sind dabei in Reihe verschaltet. Die elektronischen Bauteile innerhalb der Leistungselektronik erlauben die niedrigste Maximaltemperatur, sodass die CU-H zuerst durchströmt wird. Anschließend durchläuft der Niedertemperaturkreislauf den VET beginnend an der Verdichterseite des Centergehäuses. Hierdurch wird die MGU-H über einen Spiralkanal gekühlt. Zusätzlich ist an der Stirnseite der MGU-H ein Kühlkanal angeordnet, wodurch das heiße Turbinengehäuse thermisch optimal von der MGU-H getrennt wird.

Ölkreislauf

Zur Schmierung der Lagerung wird das Motoröl des Verbrennungsmotors verwendet. Dieses Öl wird, wie beschrieben, dem Turbolader mit einem Druckniveau von 3 bar abs zugeführt. Die zuvor erläuterten Wasserkreisläufe können ausschließlich nicht rotierende Bauteile kühlen. Im Gegensatz zum Wasser dient das Öl, neben seiner Schmierfunktion, auch zur Kühlung der Turboladerhauptwelle. Anhand einer Messung mit Thermofarbe wurde verifiziert, dass sich die Wellentemperatur auf Höhe der Lagerung unter 150 °C befindet. Somit ist sichergestellt, dass der Rotor der MGU-H nicht zusätzlich durch Wärmeleitung, ausgehend von der Turbine, erhitzt wird.

Spül- und Kühlluft

Die Belüftungsleitung des VET dient der Spül- und Kühlluftversorgung des Rotors. Es muss vermieden werden, dass das Schmieröl der Lagerung in den Rotorraum und zum Rotor der MGU-H gelangt. Da das Schmieröl des VET durch eine eigene Saugstufe am Verbrennungsmotor abgesaugt wird, ergibt sich ein Druckgefälle von der Umgebungsluft zu den Lagerkammern des VET. Die Turboladerwelle ist so bearbeitet, dass ein Feingewinde mögliches ausgetragenes Öl wieder zurück in die Lagerkammer fördert. Dieses Gewinde hat zusätzlich eine Pumpwirkung, sodass eine geringe kontinuierliche Luftmasse von der elektrischen Maschine in Richtung Lagerung strömt. Um von der Umgebung an die turbinenseitige Lagerstelle zu gelangen, muss diese Spülluft durch den Spalt zwischen Stator und Rotor strömen, sodass hierdurch eine zusätzliche konvektive Bauteilkühlung erreicht wird. Die geförderte Spülluft hängt sowohl von der Saugleistung der Ölabsaugstufe, die über die Motordrehzahl beeinflusst wird, als auch von dem Leckagestrom durch die Kolbenringe des Verdichters und der Turbine ab.

6.3 Elektrische Komponenten

Zur Elektrifizierung des Turboladers ist eine elektrische Maschine mit einer dazugehörigen Leistungselektronik, die die Regelung dieser Maschine übernimmt, erforderlich. Aufgrund der direkten Kopplung der elektrischen Maschine mit dem Turbolader muss diese für eine Maximaldrehzahl von bis zu 130000 1/min ausgelegt sein. In Verbindung mit der geforderten elektrischen Leistung von 50 kW ergibt sich eine neuartige und zukunftweisende Höchstleistungsmaschine mit einer außerordentlichen Leistungsdichte.

6.3.1 Motor-Generator-Einheit (MGU-H)

Für die Bremsenergierückgewinnung in der Formel 1 werden elektrische Maschinen mit einer Maximaldrehzahl von ca. 40000 1/min eingesetzt [68]. Wie zuvor beschrieben, erfordert die Anwendung im Turbolader eine weitaus höhere Drehzahl. In **Tabelle 6.4** sind die wesentlichen Parameter der verwendeten permanenterregten Synchronmaschine aufgeführt. Um möglichst geringe Verluste im Rotor zu erreichen, werden zwei Polpaare verwendet. Ab einer Drehzahl von 90000 1/min ist die Maximalleistung von 50 kW abrufbar. Aufgrund der enorm hohen Drehzahl ist dabei lediglich ein Drehmoment von 5,31 Nm erforderlich. Die in den Turbolader integrierte Bauweise verhindert die Verwendung eines Drehgebers zur Rotorwinkelerkennung. Deshalb ist für diese Anwendung ein sensorloser Algorithmus über den Entwicklungspartner Magneti Marelli und die Polytechnische Universität Turin entstanden [24,103].

Abbildung 6.3 zeigt die MGU-H in ihrer CAD-Schnittdarstellung. Die Rotoreinheit wird mittels einer Keilwellenverzahnung auf die Turboladerwelle aufgebracht und mit einer Kontermutter fixiert. Die äußeren Hülsen sind aus Titan gefertigt und dienen zum einen der Befestigung des Zylon-Fadens und zum anderen als Opfermaterial für das präzise Auswuchten des Rotors. Der Rotorkern sowie das Blechpaket des Stators sind mit einer weichmagnetischen Kobalt-Eisen-Legierung laminiert und weisen eine Blechdicke von nur 0,1 mm auf.

Tabelle 6.4: Auszug aus dem Lastenheft und technische Eigenschaften der permanenterregten Synchronmaschine *(MGU-H)*

Parameter	Wert	Einheit
Polpaare	2	[-]
Leistung	50	[kW]
Gewicht	<4	[kg]
Anzahl Windungen	7	[-]
Drahtdurchmesser Windung	0,5	[mm]
aktive Länge	44	[mm]
Außendurchmesser Rotor	32	[mm]
Maximaldrehzahl	130000	[1/min]
Eckpunkt	90000	[1/min]
max. Drehmoment	5.31	[Nm]
min. DC Spannung	420	[V]
max. DC Spannung	450	[V]
Rotorwinkelerkennung	sensorlos	

Das Kobalt-Eisen-Blechpaket ermöglicht eine optimale Leistungsdichte bei geringen Verlusten in der Höchstdrehzahlanwendung [13], sodass die hohen Material- und Fertigungskosten in Kauf genommen werden.

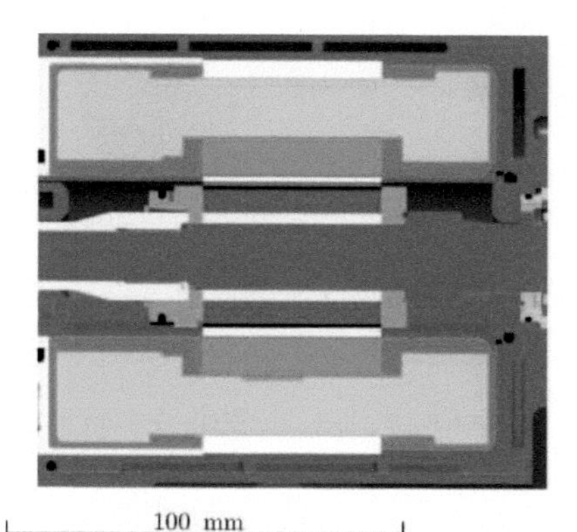

Abbildung 6.3: CAD Schnittdarstellung der Motor-Generator-Einheit des VET *(MGU-H)*

Zur Permanenterregung der elektrischen Maschine kommen Oberflächenmagnete aus Samarium-Kobalt zum Einsatz. Diese Legierung bietet den Vorteil, dass sie sehr temperaturstabil ist und somit trotz der hohen Herstellkosten in der Anwendung im VET verwendet wird. Zum einen sind die Magnete auf dem Rotorkern aufgeklebt und zum anderen über eine Bandage radial fixiert. Diese Bandage dient dazu, die aus den Zentrifugalkräften resultierende Beanspruchung aufzunehmen. Dabei wurden verschiedene Lösungen untersucht. Sowohl die Umwicklung mit einem Zylonfaden als auch eine CFK-Hülse zeigten sich als zielführend.

In **Abbildung 6.4** ist die Rotoreinheit mit Laufzeug des konventionellen Turboladers und des variablen elektrischen Turboladers vergleichend dargestellt. Auffallend ist die sehr lange Turboladerhauptwelle, welche für den VET mit der integrierten Lösung notwendig ist. Die Rotoreinheit ist zwischen den beiden Lagerstellen angebracht. Die Darstellung der VET Rotorwelle bildet die Variante mit der Zylon-Bandage ab.

(a) Rotorwelle des konventionellen VTG Turboladers

(b) Rotorwelle des VET Turboladers

Abbildung 6.4: Turboladerhauptwelle mit konventionellem und elektrischem Rotor

Um den Rotorraum vor eintretendem Öl zu schützen, ist auf die Welle jeweils zwischen Rotorraum und Lagerstelle eine Hülse mit einem Feingewinde aufgebracht. Dieses Feingewinde fördert eventuell eintretendes Öl über die Wellenrotation wieder zurück zur Lagerstelle.

6.3.2 Leistungselektronik (CU-H)

Zur Regelung der MGU-H ist eine Leistungselektronik (CU-H) notwendig. Dabei übernimmt sie einerseits die Aufgaben eines Pulswechselrichters (PWR) und andererseits die Logik für die Regelung und Steuerung. Das Innere der CU-H ist in die drei Abschnitte

- Logik-Platine mit der CAN-Verbindung zum Steuergerät,
- Signalaufbereitung, Treiberstufe zur Ansteuerung des PWR, Optokoppler zur Potentialtrennung und
- PWR mit den IGBT's, Dioden, DC-Kondensator und den Hochvoltanschlüssen

untergliedert. Die Logik-Platine beinhaltet einen eigenen Prozessor, der ausschließlich zur Regelung der MGU-H (Ansteuerung des PWR, sensorlose Drehzahlerfassung) verwendet wird und einen Prozessor für die Betriebsstrategie des VET.

Der PWR richtet den Gleichstrom aus dem Hochvolt-Zwischenkreis für die MGU-H in einen sinusförmigen Wechselstrom um [73]. Hierbei werden sechs Bipolartransistoren mit isolierter Gate-Elektrode (IGBT) für geringe Schaltverluste verwendet. Um die Verluste in der MGU-H möglichst gering zu halten, ist es erforderlich den Wechselstrom möglichst ideal zu modulieren. Bei einer Drehzahl des Turboladers von 120000 1/min ergibt sich bei einer Polpaarzahl von zwei eine Grundfrequenz von 4 kHz. Um einen sinusförmigen Verlauf des Wechselstroms zu gewährleisten, sind mehr als zehn Stützstellen anzustreben, sodass eine Schaltfrequenz >40 kHz notwendig ist [52]. In **Abbildung 6.5** ist die mit dem Entwicklungspartner Magneti Marelli Motorsport entstandene Leistungselektronik abgebildet.

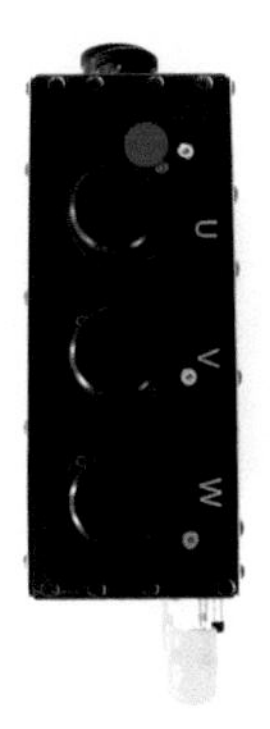

100 mm

Abbildung 6.5: Leistungselektronik in Drauf- und Seitenansicht

Sie hat ein Gewicht von nur 2,9 kg und ist mit einem Volumen von 2,5 l sehr kompakt. In der Draufsicht sind die drei Wechselstromanschlüsse für die Verbindung mit der MGU-H und die zwei Gleichstromanschlüsse für den Zwischenkreis zu erkennen.

Daneben ist der Anschluss, über den die Leistungselektronik mit dem Motorsteuergerät kommuniziert, dargestellt. Zusätzlich sind die Kühlwasseranschlüsse (gelb) und der Anschluss für die Temperatursensoren der MGU-H (rot) zu erkennen.

6.4 Sicherheitskonzept

Im Rennsport gelten wie auch in der Serienanwendung die gleichen strengen Sicherheitsanforderungen an die elektrischen Komponenten. Zur Verbindung der Hybridkomponenten wird ein IT-System als Netzform gewählt. Dies liefert den Vorteil, dass die aktiven Leiter keine Verbindung zu geerdeten Bauteilen haben und sich somit kein Potentialunterschied zwischen den geerdeten Komponenten und den aktiven Leitern ergibt. Selbst beim Auftreten eines einzelnen Körperschlusses ist der Betrieb der Komponenten weiter möglich. Erst infolge eines zweiten Fehlers im System muss eine Abschaltung zwingend erfolgen. Hierdurch ist durch die Verwendung dieser Netzform sowohl für den Personenschutz als auch gegen einen Systemausfall eine hohe Sicherheit gewährleistet [55].

Die einzelnen elektrischen Komponenten des IT-Systems müssen nach der IEC 60034 [54] in Abhängigkeit ihrer Nennspannung folgender Prüfspannung

$$\begin{aligned} U_{\text{Prüf,min}} &= 1500 \text{ V} \\ U_{\text{Prüf}} &= 2\, U_{\text{Nenn}} + 1000 \text{ V} \end{aligned} \tag{6.3}$$

widerstehen. Im Fahrzeug wird automatisiert eine Isolationsprüfung durchgeführt, sodass ein auftretender Fehler sofort erkannt wird. Zusätzlich ist eine Potentialausgleichsleitung, deren Sollwiderstand zum Sternpunkt kleiner 30 mΩ ist, an jeder HV-Komponente angebracht. Über den HV-Interlock wird sichergestellt, dass alle HV-Verbindungen gesteckt und unbeschädigt sind. Der HV-Interlock ist konstruktiv so umgesetzt, dass bei einer Trennung der HV-Stecker entweder der HV-Interlock zuvor entfernt werden muss oder er im HV-Stecker direkt mit integriert ist und gleichzeitig mit der HV-Verbindung getrennt wird. Diese Maßnahmen tragen dazu bei, einen möglichst hohen Schutz vor einem Stromunfall sicherzustellen.

7 Versuchsergebnisse des Turbocompound-Verfahrens

Für die Untersuchung des elektrischen Turbocompound-Verfahrens sind unterschiedliche Prüfstände sowie die Erprobung auf der Rennstrecke notwendig. Die Erstinbetriebnahme erfolgt an einem Heißgasprüfstand. Dort werden der VET und seine Leistungselektronik erstmalig in Betrieb genommen und untersucht. Sobald das Teilsystem des Gesamtantriebs dort erfolgreich geprüft ist, kann das Gesamtsystem, bestehend aus Verbrennungsmotor und VET, am Motorprüfstand in Betrieb genommen werden. Dort erfolgt zunächst die stationäre Untersuchung. Hierbei wird die Drehzahl des Verbrennungsmotors über eine Leistungsbremse des Motorprüfstandes konstant gehalten und verschiedene Betriebsparameter variiert. Anschließend wird über die dynamische Erprobung am Antriebsstrangprüfstand der Rennbetrieb simuliert. Im letzten Schritt erfolgt die Untersuchung des Systems anhand eines Prototypenfahrzeugs auf der Rennstrecke, sodass unter anderem Aussagen über den transienten Ladedruckaufbau getroffen werden können.

7.1 Untersuchung am Heißgasprüfstand

Am Heißgasprüfstand ist eine Untersuchung des Turboladers ohne die Einflüsse des Verbrennungsmotors realisierbar. Dabei sind die thermodynamischen Verhältnisse am Verdichter sowie an der Turbine sehr flexibel einstellbar. Im Betrieb am Verbrennungsmotor beeinflussen sich im Gegensatz dazu die Größen wie Luftmassenstrom, Ladedruck, Abgasmassenstrom, Abgasgegendruck und Abgastemperatur gegenseitig. Beispielsweise ergibt sich eine Änderung des Luftmassenstroms sowie des Druckverhältnisses über dem Verdichter in Abhängigkeit der Schlucklinie und Drehzahl des Verbrennungsmotors. Die Abgastemperatur ist in erster Linie von der Motorlast abhängig und der Abgasmassenstrom berechnet sich nach Gleichung (3.5). Am Heißgasprüfstand ist der Luftmassendurchsatz über den Verdichter gänzlich unabhängig von dem der Turbine. Somit ist es möglich, verschiedene Betriebszustände bei einer konstanten Turboladerdrehzahl darzustellen. Weiter zeigt sich der Heißgasprüfstand besonders zur Untersuchung der Rotordynamik als hilfreich. Unabhängig von der Anregung des Verbrennungsmotors können dort die Wellenbahnkurven der Rotorwelle und die Beschleunigung des Turboladers vermessen und ausgewertet werden.

Verschiedene Einflussfaktoren führen zu einem dynamischen Verhalten des Rotors, die zum einen zu Schwingungen im System und zum anderen zu einer Verlagerung der Wellenbahn der Turboladerhauptwelle führen. Die wesentlichen Einflussfaktoren sind

- Unwucht der Komponenten sowie des Gesamtsystems,
- Steifigkeit der Bauteile und deren Anbindung,
- Dämpfung der Lagerung sowie
- Öldruck und Öltemperatur.

Durch die lange Rotorwelle mit dem großen Lagerabstand ist im gegebenen Bauraum eine überkritische Drehzahlauslegung der Turboladerwelle unumgänglich. Im Rahmen der Komponentenentwicklung erfolgte die numerische Simulation des Lagersystems mit der Software XLTRC² der Texas A&M Universität [39]. Dabei ist die Systemsteifigkeit so gewählt, dass die Eigenfrequenz im relevanten Betriebsbereich möglichst selten durchlaufen wird. Die erste Eigenfrequenz tritt bei einer Turboladerdrehzahl von ca. 30000 1/min auf und wird somit im Fahrbetrieb auf der Rennstrecke nicht durchlaufen. Bei einer falschen Auslegung des Systems mit einer zu geringen Dämpfung der Lagerung in Verbindung mit einer erhöhten Unwucht kommt es bei dieser Eigenfrequenz einerseits zu einer sehr hohen Lagerlast und andererseits zu einer Überschreitung der maximalen Rotorauslenkung. Eine Folge daraus ist die Unterschreitung des nötigen Abstands des Verdichter- und Turbinenrads zum jeweiligen Gehäuse. Im ungünstigsten Fall kommt es zwischen den Bauteilen zu einer Festkörperberührung und der Turbolader versagt aufgrund der mechanischen Schädigung. Die Wellenbahnmessung erfolgt berührungslos über einen nach dem Wirbelstromverfahren arbeitenden Messwertaufnehmer im Verdichtereinlauf. Über die Änderung des radialen Abstandes der Rotorwelle wird die Impedanz der Spule im Messwertaufnehmer beeinflusst. Im ersten Schritt der Messung wird im Stillstand die maximal mögliche Auslenkung der Rotorwelle, welche dem Lagerspiel entspricht, manuell bestimmt. Anschließend wird der Turbolader mit Hilfe des Heißgasprüftands langsam beschleunigt und während des Hochlaufs mit einer schnellen Fourier Transformation (FFT) analysiert sowie das Instabilitätsverhalten bewertet. Aufgrund von Erfahrungswerten ergibt sich in Abhängigkeit der Turboladerdrehzahl eine maximal zulässige Auslenkung des Rotors. Der Öldruck und die Ölzufuhrtemperatur sind so gewählt, dass auch unter außerordentlichen Randbedingungen im Rennen ein sicherer Betrieb des VET möglich ist. In **Abbildung 7.1** ist das Ergebnis der Wellenbahnmessung des optimierten Turboladers dargestellt. Die verdichterseitige Auslenkung ist auf das maximal mögliche Lagerspiel, welches im Stillstand aufgenommen wird, bezogen. Die optimierte Variante des VET zeichnet sich durch Dämpfung der ersten Eigenfrequenz (Drehzahl ca. 30000 1/min) aus, sodass eine Festkörperberührung mit ausreichender Sicherheit vermieden wird. Erreicht wird dies durch eine Öldämpfung der jeweiligen Lagerung über einen Ölfilm zwischen dem äußeren Lagerträger und dem Gehäuse mit einem Ringspalt von 0,05 mm. Zusätzlich ist ein spezieller Wuchtprozess eingeführt. Dabei werden alle Komponenten bestehend aus

- Verdichterrad,
- Turbinenrad und
- Rotorwelle mit elektrischem Rotor

mit einer sehr geringen und definierten Restunwucht vorgewuchtet. Hierbei wird die Position der Restunwucht markiert und die Komponenten so ausgerichtet, dass die Unwucht jeder Komponente im zusammengebauten Zustand in die gleiche Richtung zeigt. Zum Schluss wird das Gesamtsystem nochmals hochdrehzahlgewuchtet. Hierdurch ergibt sich der Vorteil, dass die Unwucht der einzelnen Komponenten im Betrieb nicht zu einem Verkippen der Rotorwelle in der Lagerung führt, sondern die Welle in beiden Lagern koaxial rotiert.

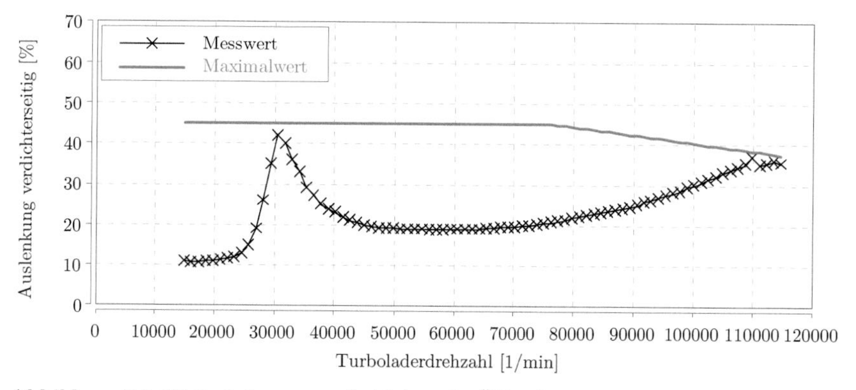

Abbildung 7.1: Wellenbahnmessung bei 3 bar abs Öldruck

Im höheren Drehzahlbereich zeigt sich eine gesteigerte Auslenkung. Da sich diese selbst unter einer außergewöhnlichen Belastung unterhalb des maximal zulässigen Wertes befindet, kann es zu keiner Festkörperberührung im Betrieb kommen.

Parallel zur Wellenbahnmessung erfolgt eine Schwingungsmessung der finalen Variante. Hierbei zeigt sich im Betrieb des VET am Heißgasprüfstand nach dem Auswuchtprozess maximal eine Beschleunigung von 5 m/s^2 turbinenseitig und 4 m/s^2 verdichterseitig. Diese Werte sind unterhalb des maximal zulässigen Werts von 7 m/s^2 wodurch ein sicherer Betrieb gewährleistet wird.

Zur Auslotung der maximalen Drehzahl- und Leistungsgradienten sowie des sicheren Betriebs des sensorlosen Algorithmus erfolgt zusätzlich die Voreinstellung der elektrischen Parameter für die Leistungselektronik am Heißgasprüfstand. Die dabei erreichten Maximalwerte sind für den Drehzahlgradienten 2000 $1/s^2$ und für den Drehmomentgradienten 15 Nm/s.

7.2 Stationäre Untersuchung des Gesamtsystems

Für die Untersuchung des Turbocompound-Verfahrens in Verbindung mit dem Verbrennungsmotor ist ein Motorprüfstand erforderlich. Neben der konventionellen Prüfstandsausstattung, bestehend aus Leistungsbremse, Prüfstandssteuerung und Konditionieranlagen für die Betriebsmedien, ist für die elektrische Komponente zusätzlich ein Batteriesimulator notwendig. Hierbei wurde das VES System der Firma Kratzer Automation mit einer Systemleistung von maximal 300 kW und einer Zwischenkreisspannung von bis zu 600 V verwendet.

7.2.1 Versuchsaufbau und Messtechnik

Der Versuchsaufbau des Verbrennungsmotors und der Hochvoltkomponenten ist in **Abbildung 7.2** dargestellt. Hierbei wird ersichtlich, dass der Batteriesimulator außerhalb der Prüfstandszelle angeordnet ist. Die Übergabebox ist dagegen im Prüfraum angebracht und dient als Hochvolt-Schnittstelle zwischen Prüfling und Batteriesimulator. In der Adapterbox sind die Sicherheitskomponenten, bestehend aus den beiden Schützen, der Pilotlinie und der Isolationsüberwachung, verbaut.

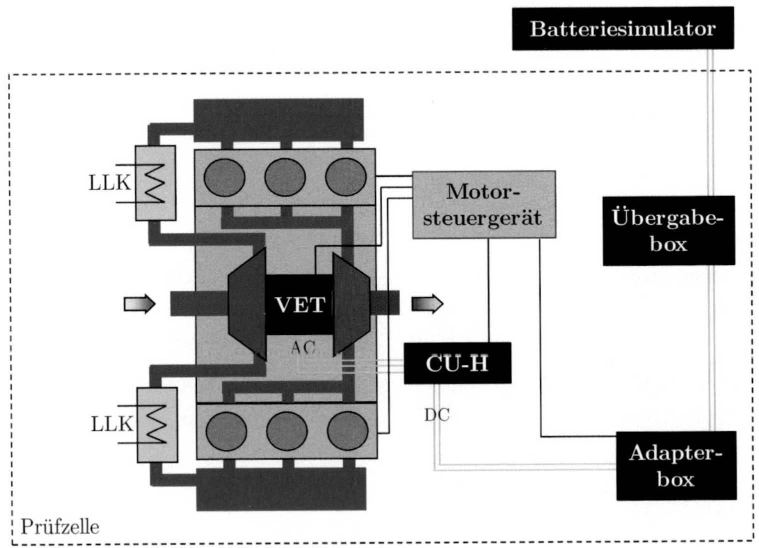

Abbildung 7.2: Prüfstandsintegration der HV-Komponenten

Durch die Verbindung der Adapterbox mit dem Motorsteuergerät ist es möglich, alle wesentlichen Sicherheitsfunktionen im Voraus zu erproben. Dabei wird durch die Sicherheitsüberwachung erreicht, dass die beiden Schütze, welche in der Adapterbox angebracht sind, in einem Fehlerfall die HV-Komponenten des VET vom Hochvolt-zwischenkreis trennen. Für die Untersuchung des Gesamtantriebsstranges sind verschiedene Messeinrichtungen im Prüfstand verbaut. Einen Teil der verwendeten Messstellen ist in **Tabelle 11.1** zusammenfassend dargestellt. Für die Bilanzierung des Wärmehaushalts am VET ist eine umfangreiche Temperatur- sowie Volumenstrommessung für den Motorwasserkreislauf, den Kühlkreislauf der Hybridkomponenten und die Ölversorgung des VET notwendig. Zusätzlich ist für die Ladungswechselanalyse eine Druckindizierung im Einlass-, Auslasstrakt und Zylinder vonnöten. Die verwendete Messtechnik für die Druckindizierung ist in **Tabelle 7.1** dargestellt.

Tabelle 7.1: Verwendete Messtechnik für die Druckindizierung

Beschreibung	Typ
Indiziersystem	AVL Indimodul Gigabit
Niederdrucksensor Einlass	Kistler 4005B
Niederdrucksensor Abgas	Kistler 4045A
Kühladapter	Kistler 7511
Wasserkühlung Drucksensoren	Kistler Temperiergerät 2621F
Piezoresistives Verstärkermodul	Kistler Piezoresistive Amplifier 4665
Zylinderdrucksensor	Kistler 6055Csp
Ladungsverstärker	Kistler Charge Amplifier 5064
Drehwinkelgeber	AVL 365X01

Für die Abgasdruckindizierung wurden spezielle Abgaskrümmer für die erweiterte Messtechnik angefertigt. Im Gegensatz dazu ist der Zylinderkopf des R18 Rennmotors so konstruiert, dass die Hochdrucksensoren ohne Anpassung verbaut werden können und der Aufwand für den Verbau dieser Sensoren gering ist. Aufgrund der hohen Druck-, Temperatur- und Schwingungsbelastung der Hochdruckquarze im R18 Rennmotor sind diese stark beansprucht.

7.2.2 Versuchsübersicht

Die detaillierte Untersuchung des Turbocompound-Verfahrens am stationären Motorenprüfstand erfordert neben einer umfangreichen Messtechnik zusätzlich eine Vielzahl von Messreihen.

Um die Auswirkungen sowohl der elektrischen Unterstützung des Turboladers als auch der Rekuperation von Abgasenergie auf den Verbrennungsmotor beurteilen zu können, wurde die elektrische Last am VET mit

- elektrischer Unterstützung bzw. Boostleistung von 0-35 kW *(Schrittweite 5 kW)* und
- Rekuperationsleistung von 0-30 kW *(Schrittweite 5 kW)*

variiert.

Zur Sicherstellung der gleichen thermodynamischen Randbedingungen in der Luftstrecke wurde über den VTG-Mechanismus des Turboladers der elektrischen Last der MGU-H entgegengewirkt. Diese Vorgehensweise hat zur Folge, dass trotz unterschiedlicher elektrischer Last am VET der gleiche Ladedruck in der Luftstrecke anliegt und damit der identische Kraftstoffmassenstrom in den Verbrennungsmotor eingespritzt wird. Somit kann der Einfluss der Abgasgegendruckerhöhung durch das Turbocompound-Verfahren separiert und gezielt untersucht werden.

Zusätzlich zur Variation der elektrischen Last des VET erfolgt eine Variation

- der Last des Verbrennungsmotors 0-100% *(Schrittweite 25%)*,
- der Motordrehzahl 3500-5000 1/min *(Schrittweite 250 1/min)* und
- des Ladedrucks 2-4 bar abs *(Schrittweite 250 mbar)*,

sodass die Sensitivitäten untersucht und die Simulation verifiziert werden kann.

7.2.3 Auswirkung auf den Verbrennungsmotor

Im Wesentlichen wird durch das Turbocompound-Verfahren der Abgasgegendruck erhöht, sodass sich die Abgasexergie vergrößert. Hierbei ist von besonderer Bedeutung, welche Einflüsse die Abgasgegendruckerhöhung auf den Verbrennungsmotor hat. In erster Linie ist zunächst eine Erhöhung der Ladungswechselverluste zu erwarten. Die Auswirkung der Abgasgegendruckerhöhung auf die Hochdruckarbeit sowie die Beeinflussung der Verbrennung sind zu prüfen. Eine zusätzliche Einflussgröße der Abgasexergie ist die Abgastemperatur, deshalb muss geklärt werden, ob durch die Abgasgegendruckerhöhung auch eine Änderung der Abgastemperatur einhergeht.

Einfluss der Abgasgegendruckerhöhung auf die Ladungswechselarbeit

Durch das verwendete Turbocompound-Verfahren wird bei der Rekuperation von elektrischer Leistung zwangsläufig der Abgasgegendruck des Verbrennungsmotors erhöht. Der Zusammenhang zwischen der Steigerung der nutzbaren Abgasexergie und dem negativen Einfluss der Abgasgegendruckerhöhung auf die Ladungswechselarbeit wurde in Abschnitt 5.4 durch Simulation und Vorversuche analysiert. Da sich die Abgasgegendruckerhöhung auf die Motorleistung auswirkt und somit die Fahrzeuggesamtperformance beeinflusst, wird hier eine detaillierte Untersuchung anhand der Messdaten durchgeführt.

Für den Verbau des VET am Verbrennungsmotor musste aufgrund des größeren Abstands zwischen Verdichter und Turbine ein neuer Abgaskrümmer konstruiert werden. Der eingeführte Ausschiebegrad liefert Informationen über den Einfluss der Abgasgegendruckerhöhung auf den Verbrennungsmotor. Da dieser Kennwert stark von der Krümmerlänge, der Abgaszusammenführung und der Zylinderzahl abhängt und sich die Abgaskrümmerlänge für den VET von der Krümmerlänge des konventionellen Turboladers unterscheidet, ist hier eine zusätzliche Betrachtung notwendig. In **Abbildung 7.3** ist die Variation des Abgasgegendrucks und dessen Einfluss auf die Ladungswechselschleife dargestellt. Die Motorbetriebsparameter wurden dabei konstant gehalten und lediglich die rekuperierte Leistung der MGU-H am VET variiert. Um die gleiche Turboladerdrehzahl zu halten, ist es erforderlich, den VTG Mechanismus weiter zu schließen. Durch den geringeren Öffnungsquerschnitt erhöht sich der Abgasgegendruck und dadurch die Abgasexergie. In der Darstellung wird deutlich, dass sich der erhöhte Abgasgegendruck erst beim Ausströmen des Abgases, ab dem Zeitpunkt, an dem ein normiertes Hubvolumen von etwa 0,75 erreicht wird, auf die Ladungswechselschleife auswirkt. Danach erhöht sich der Zylinderdruck, bis zum Zeitpunkt, an dem die Auslassventile schließen (LWOT), entsprechend dem Abgasgegendruck.

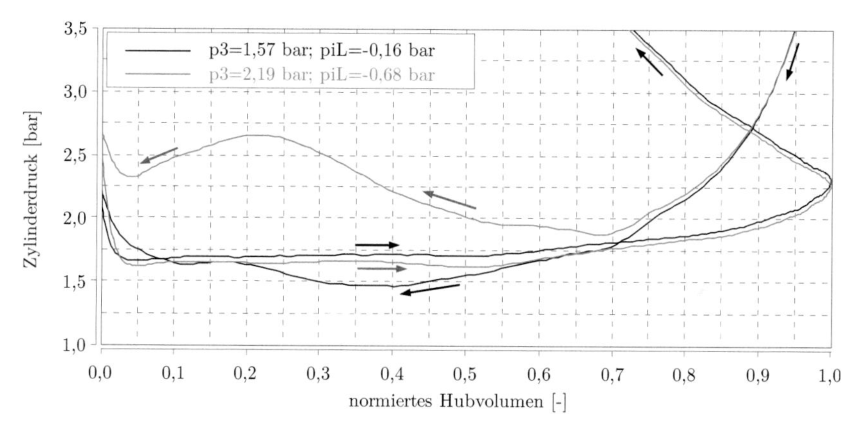

Abbildung 7.3: Einfluss der Abgasgegendruckerhöhung auf die Ladungswechselschleife *(Motordrehzahl 4500 1/min; Turboladerdrehzahl 82000 1/min; Luftverhältnis 1,18)*

Dieser Effekt ist darauf zurückzuführen, dass die Auslassventile bei einem Zylinderdruck von ca. 12 bar abs öffnen. Durch das plötzliche Ausströmen der Abgasmasse aus dem Zylinder ergibt sich eine Anregung der Gassäule im Abgaskrümmer, ähnlich wie es bei einer einlassseitigen Schwingrohraufladung erfolgt. Aufgrund dieser Gasdynamik wird, während die Auslassventile geöffnet sind, ein Druckniveau im Zylinder unterhalb des mittleren Abgasgegendrucks ermöglicht. Bei günstiger geometrischer Auslegung der Abgasanalage kann so eine Resonanzfrequenz erreicht werden, bei der sich der Zylinderdruck im Brennraum während des Auslassvorgangs größtenteils unterhalb des mittleren Abgasgegendrucks befindet. In Abhängigkeit der Zunahme des Abgasgegendrucks ergibt sich eine Verschlechterung der Ladungswechselschleife mit einer daraus folgenden Vergrößerung der Ladungswechselarbeit. Beim vollkommenen Motor würde die Erhöhung des Abgasgegendrucks um 1 bar zu einer Verschlechterung des Ladungswechselmitteldrucks von ebenfalls 1 bar führen. Der relative Ausschiebegrad wird definiert über

$$\lambda_{\mathrm{a,LW}} = \frac{\oint_{180°}^{\mathrm{LWOT}} p'_{\mathrm{Z}} dV_{\mathrm{h}} - \oint_{180°}^{\mathrm{LWOT}} p_{\mathrm{Z}}\, dV_{\mathrm{h}}}{(p'_3 - p_3)V_{\mathrm{h}}}. \tag{7.1}$$

Unter der Annahme, dass der Ladungswechselanteil des Einströmvorgangs aufgrund des konstanten Ladedrucks identisch ist, vereinfacht sich der rechte Teil von (7.1) zu

$$\lambda_{\mathrm{a,LW}} \approx \frac{\Delta piL}{\Delta p_3}. \tag{7.2}$$

In **Abbildung 11.2** ist die Bestimmung des Ausschiebegrades anhand eines p-V-Diagramms zusätzlich veranschaulicht. Am untersuchten R18 Renndieselmotor zeigt sich das Verhalten aus **Abbildung 7.4**. Es ergibt sich ein linearer Zusammenhang zwischen dem Abgasgegendruck und der Ladungswechselarbeit.

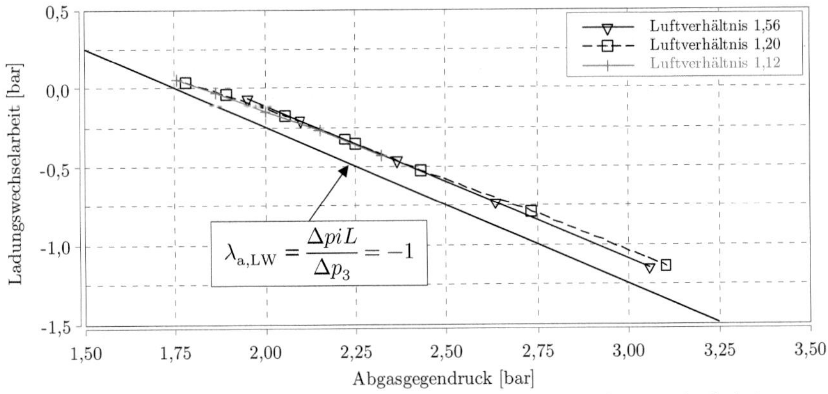

Abbildung 7.4: Einfluss der Abgasgegendruckerhöhung auf die Ladungswechselarbeit; Variation des Luftverhältnisses über die Motorlast
(Motordrehzahl 4500 1/min; Turboladerdrehzahl 82000 1/min)

Zur Verdeutlichung ist die Vergleichsgerade des vollkommenen Motors mit dem relativen Ausschiebegrad von $\lambda_{\mathrm{a,LW}} = -1$ dargestellt. Für den R18 Motor in Verbindung mit dem Abgaskrümmer für den VET ergibt sich

$$\lambda_{\mathrm{a,LW,R18}} = \frac{\Delta piL}{\Delta p_3} = \frac{-1{,}10 \text{ bar}}{1{,}35 \text{ bar}} = -0{,}815. \tag{7.3}$$

Dies führt zu dem bemerkenswerten Ergebnis, dass der Wert der Erhöhung des Abgasgegendrucks sich nur zu 81,5% im Ladungswechselmitteldruck widerspiegelt und somit der reale Motor zu einem besseren Ergebnis führt als der vollkommene Motor.

Die in der Darstellung abgebildete Lastvariation zeigt einen nahezu identischen Verlauf. Bei einem Dieselmotor führt die Lastvariation zu einer Änderung der Abgastemperatur. Da die Dynamik der Abgassäule von ihrer Schallgeschwindigkeit abhängt, könnte man hier eine Änderung des Einflusses der Abgasgegendruckerhöhung auf die Ladungswechselarbeit erwarten. Aufgrund der geringen Sensitivität der Abgastemperaturänderung auf die Schallgeschwindigkeit ist dieser Einfluss minimal. Auch die Variation der Motordrehzahl aus **Abbildung 7.5** (a) führt zu einer Veränderung der Gasdynamik. Es zeigt sich, dass der Gradient mit höherer Drehzahl flacher wird und der relative Ausschiebegrad somit sinkt. Anhand dieses Ergebnisses wird deutlich, dass der Abgaskrümmer für eine Auslegungsdrehzahl des Verbrennungsmotors optimiert werden kann. Das Zusammenspiel aus Motordrehzahl und Abgaskrümmerlänge führt zu einer Eigenfrequenz der Gassäule im Abgaskrümmer, welche im Idealfall das Ausschieben des Abgases verbessert. Die Stoßaufladung mit ihrer hohen Dynamik hat somit nicht nur einen Effekt auf den Turbolader, sondern auch einen positiven Einfluss auf die Ladungswechselarbeit. Zur Optimierung des Ladungswechsels bietet der in dieser Arbeit eingeführte Ladungswechselkennwert einen wichtigen Anhaltspunkt.

Neben der Variation der Abgastemperatur und der Drehzahl des Verbrennungsmotors ist auch der Einfluss der Erhöhung des Ladedrucks und damit einhergehend die Vergrößerung des Luftmassenstroms bei konstanter Motordrehzahl von Interesse. Anhand der Darstellung aus **Abbildung 7.5** (b) zeigt sich, dass durch die Ladedruckreduktion eine Parallelverschiebung der Kennlinie erfolgt. Ähnlich wie bei einer Verschlechterung des Turbinenwirkungsgrades ergibt sich für einen niedrigeren Ladedruck bei identischem Abgasgegendruck eine negative Beeinflussung der Ladungswechselarbeit. Der Ansaugtakt erfolgt bei einem niedrigeren Druckniveau im Zylinder, sodass sich die gewonnene Arbeit während des Ansaugvorgangs verringert.

Entsprechend des Ausschiebegrades kann der Einströmgrad mit

$$\lambda_{\mathrm{e,LW}} = \frac{\oint_{\mathrm{LWOT}}^{-180^\circ} p_Z' dV_\mathrm{h} - \oint_{\mathrm{LWOT}}^{-180^\circ} p_Z \, dV_\mathrm{h}}{(p_2' - p_2) V_\mathrm{h}} \approx \frac{\Delta piL}{\Delta p_2}. \tag{7.4}$$

definiert werden. Anhand des Einströmgrades kann die Arbeit während des Ansaugtaktes genauer analysiert werden. Aus der Betrachtung des p-V-Diagramms aus **Abbildung 7.3** ist erkennbar, dass die Dynamik im Ansaugtakt bei einem effizienten Antriebskonzept mit einer positiven Ladungswechselschleife für eine optimale Ladungswechselarbeit möglichst gering gehalten werden muss. Die für die Anregung der Gassäule notwendige Energie wird durch das Öffnen der Einlassventile und die Kolbenabwärtsbewegung erzeugt. Je höher die Amplitude der Saugrohrschwingung desto höher ist das Unterschwingen des Zylinderdrucks während des Ansaugvorgangs. Auch wenn hierdurch eine Erhöhung des Liefergrades möglich ist, verringert sich die Fläche im p-V-Diagramm und somit die positive Ladungswechselarbeit. Im Anhang wird in

Abbildung 11.3 detailliert auf den Einströmgrad und die Effekte der Schwingrohraufladung im p-V-Diagramm eingegangen.

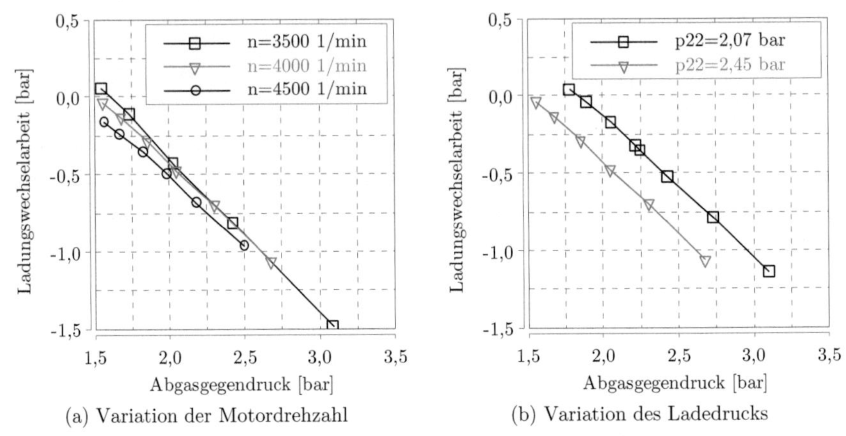

(a) Variation der Motordrehzahl (b) Variation des Ladedrucks

Abbildung 7.5: Einfluss der Abgasgegendruckerhöhung auf den Ladungswechselmitteldruck *(Luftverhältnis 1,56)*

Der Sachverhalt, dass eine hohe Dynamik beim Einströmvorgang die Ladungswechselarbeit negativ beeinflusst, ist beim Ausschiebetakt entgegengesetzt. Da die Auslassventile aufgrund der unvollständigen Expansion beim 4-Taktmotor prinzipbedingt bei sehr hohem Zylinderdruck öffnen, wird die Gassäule im Abgastrakt von dieser Druckwelle angeregt. Diese kinetische Energie würde andernfalls nicht genutzt werden, vgl. Stauaufladung. Neben dem Vorteil der Erhöhung der Abgasexergie vor der Turbine ist auch ein „Leersaugen" des Brennraums während des Ausschiebtaktes realisierbar, sodass sich die Ladungswechselarbeit wesentlich verbessert. Anhand **Abbildung 7.6** lässt sich der Druckverlauf im Zylinder und nach den Auslassventilen genauer analysieren. Sobald die Auslassventile im unteren Totpunkt öffnen, steigt der Druck nach den Auslassventilen aufgrund des überkritischen Ausstromvorgangs erheblich an. Die Amplitude des Druckverlaufs im Abgaskrümmer erreicht dabei über 130% des Mittelwertes. Aufgrund der Anregung zu einem schwingenden System im Abgaskrümmer wird auch ein Unterschwingen des Druckverlaufs ersichtlich. Da dieser Unterschwingvorgang in der Darstellung noch während des Auslassvorgangs auftritt, vermindert sich die aufzubringende Ausschiebearbeit. Das Druckniveau im Zylinder befindet sich bei einer geeigneten geometrischen Auslegung des Abgastraktes während des Auslassvorgangs auf einem ähnlich niedrigen Niveau wie der Druck der unterschwingenden Abgaswelle.

Die so generierte Stoßaufladung hat aber noch einen weiteren Effekt. Durch die Druckpulsation wird die Turbine mit einer wesentlich höheren Abgasexergie bei gleichem mittleren Abgasgegendruck versorgt. Hintergrund hierfür ist, dass die kinetische

Energie der Druckwelle für die Turbine nutzbar wird. Betrachtet man die thermodynamischen Zustandsgrößen vor der Turbine in ihrem zeitlichen Verlauf, so wird der Hauptabgasmassenstrom immer mit einem großen Druck und einer hohen Temperatur über die Turbine strömen. Dieser Sachverhalt führt dazu, dass die für die Turbine im Integral über den Massenstrom zur Verfügung stehende Exergie wesentlich höher ist als die Exergie, die sich aus einer zeitlichen Mittelwertbetrachtung ergeben würde.

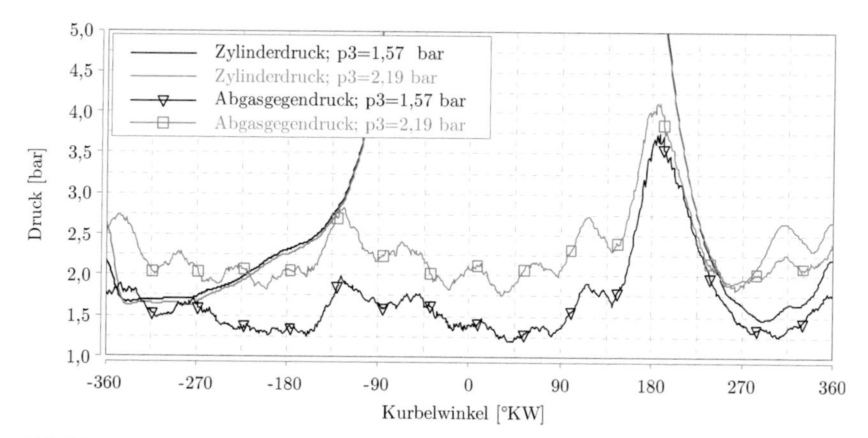

Abbildung 7.6: Einfluss der Abgasgegendruckerhöhung auf den Druckverlauf im Zylinder und im Abgaskrümmer *(Motordrehzahl 4500 1/min; Turboladerdrehzahl 82000 1/min; Luftverhältnis 1,18)*

Nachteilig ist, dass in Verbindung mit den hohen Druckschwingungen vor der Turbine eine große Spreizung der Turbinenlaufzahl resultiert. Da der Turbinenwirkungsgrad eine Funktion der Laufzahl ist und für einen gegebenen Betriebspunkt sein Optimum erreicht, wird ersichtlich, dass die Turbine bei einer Stoßaufladung nie in ihrem optimalen Betriebsbereich arbeiten kann. Anhand dieser Erläuterung wird deutlich wie wichtig es ist, dass Turbinenkennfelder, welche das instationäre Verhalten des Abgasmassentroms abbilden können, für eine Motorprozesssimulation bekannt sind. Eine einfache Mittelwertbetrachtung der Kennwerte liefert nur bei einer Stauaufladung hinreichend genaue Ergebnisse. Für die Stoßaufladung, die vermehrt bei Kraftfahrzeugmotoren zum Einsatz kommt, sind deshalb neue Ansätze zur erweiterten Turbinenkennfeldbestimmung notwendig.

Einfluss der Abgasgegendruckerhöhung auf die Hochdruckarbeit und den Heizverlauf

Die Leistungsfähigkeit des Turbocompound-Verfahrens hängt einerseits von der Verschlechterung der Ladungswechselarbeit in Relation zur rekuperierten Leistung und andererseits von der Beeinflussung des Brennverfahrens ab. Zur Analyse der Verbrennung sind innerhalb der hier vorgestellten Versuchsreihe die Einspritzparameter: Druck, Zeitpunkt, Dauer und Menge konstant gehalten. Die in **Abbildung 7.7** (a) dargestellten Mitteldrücke schwanken innerhalb der Messreihe geringfügig. Es ist jedoch keine Reduktion der Hochdruckarbeit über die Abgasgegendruckerhöhung zu erkennen. Zum Vergleich ist die zuvor erörterte Änderung der Ladungswechselarbeit mit gleicher Skalierung dargestellt. Hier zeigt sich die deutliche Abhängigkeit der Ladungswechselarbeit vom Abgasgegendruck. Infolge der Abgasgegendruckerhöhung steigt der Restgasgehalt. Da dieses Gas aufgrund seiner hohen Temperatur zu einer leichten Erhöhung der Temperatur zum Einspritzzeitpunkt führt und somit eine Beeinflussung des Zündverzugs möglich ist, sind zusätzlich die wesentlichen Kennwerte des Heizverlaufs in **Abbildung 7.7** (b) aufgetragen. Mit den während der Abgasgegendruckvariation konstant gehaltenen Einspritzparametern ergeben sich aus dem Heizverlauf nahezu identische Werte für den Umsatzschwerpunkt. Auch die Umsatzpunkte bei 10% und 90% des Heizverlaufes sind ein Indiz für die identische Verbrennung trotz der Erhöhung des Abgasgegendrucks.

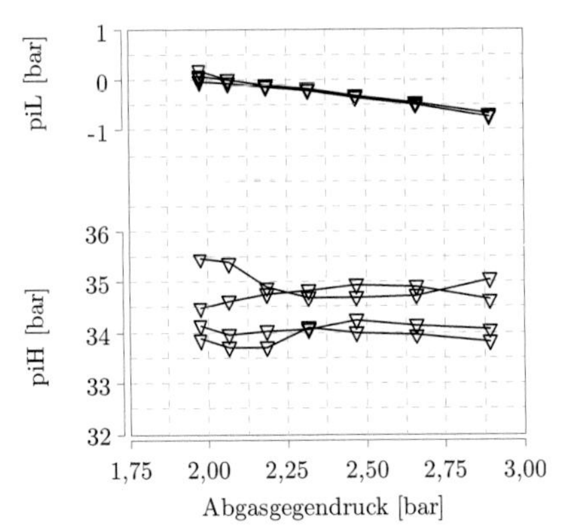

(a) Ladungswechsel- und Hochdruckarbeit

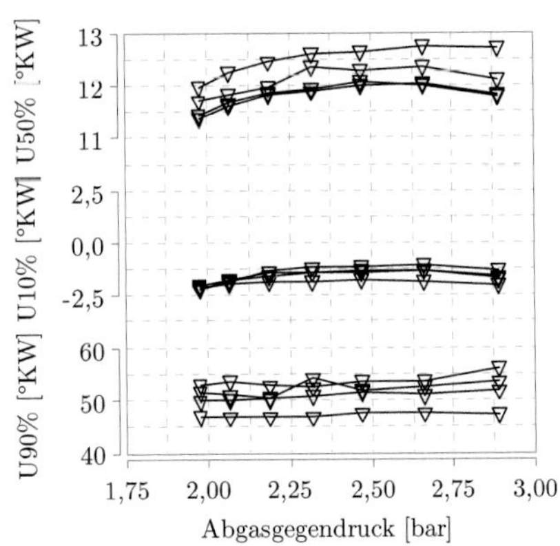

(b) Umsatz aus Heizverlauf

Abbildung 7.7: Einfluss der Abgasgegendruckerhöhung auf die Verbrennung; Zylinder 1-4 *(4000 1/min; Luftverhältnis 1,08; Ladedruck 2,75 bar abs)*

Es lässt sich somit feststellen, dass das Dieselbrennverfahren sehr robust auf die Erhöhung des Abgasgegendrucks reagiert und der gering steigende Restgasgehalt auf den Heizverlauf keinen messbaren Einfluss hat.

Einfluss der Motordrehzahl und der verbrennungsmotorischen Last auf die Abgastemperatur

Die isentrope Turbinenleistung ist nicht allein vom Massenstrom und dem Druckverhältnis über die Turbine abhängig. Auch die Abgastemperatur spielt eine wichtige Rolle. Beim Dieselmotor ist die Motorlast ausschlaggebend für die resultierende Abgastemperatur. Dieser Sachverhalt ist in **Abbildung 7.8** (a) ersichtlich. Die Messwerte wurden im Abgasstrang mit einem Thermoelement von 3 mm Durchmesser aufgenommen. Aufgrund der hohen thermischen Trägheit dieser Elemente und der zeitlichen Mittelung der einzelnen Messwerte ist hier nur ein relativer Vergleich der Messwerte zulässig. Innerhalb der Messreihe wurde die Einspritzmenge bei konstanter Luftmasse variiert. Es zeigt sich, dass die Temperatur zwischen $\lambda = 1{,}67$ und $\lambda = 1{,}08$ mit sinkendem Luft-/Kraftstoffverhältnis zunimmt. Zwischen $\lambda = 1{,}08$ und $\lambda = 0{,}93$ konnten keine Messungen durchgeführt werden, da sich hierbei sehr hohe Abgastemperaturen ergeben und das Turbinenrad somit gefährdet ist. Es wird dennoch deutlich, dass sich der Hochpunkt der Abgastemperatur über dem Luftverhältnis in diesem Bereich befindet. Bei Kraftstoffüberschuss ergibt sich wiederum eine Reduktion der Abgastemperatur. Für eine möglichst hohe Turbinenleistung ist somit ein Betrieb im stöchiometrischen Bereich von Vorteil. Gerade beim luftmengenbegrenzten Rennmotor ist dieser Betrieb für die maximale Leistungsfähigkeit unerlässlich, sodass sich hier das Turbocompound-Verfahren besonders eignet.

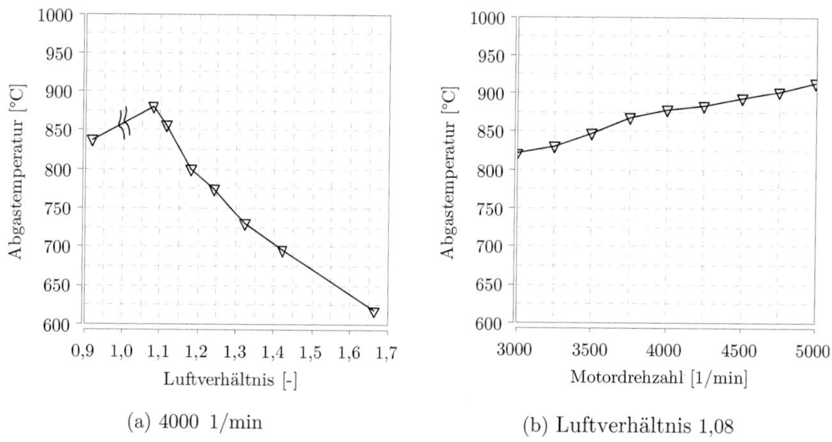

(a) 4000 1/min (b) Luftverhältnis 1,08

Abbildung 7.8: Einfluss des Luftverhältnisses und der Motordrehzahl auf die Abgastemperatur vor der Turbine *(ohne Rekuperation, max. Ladedruck und Luftmenge aus Reglement)*

Neben dem Einfluss der Last auf die Abgastemperatur zeigt **Abbildung 7.8** (b), dass sich mit steigender Motordrehzahl bei konstantem Luftverhältnis eine weitere Steigerung der Abgastemperatur ergibt. Dieser Effekt ist zum einem über den Kurbelwinkel bezogene längere Brenndauer und zum anderen über die bis zum Restriktorbereich mit steigender Motordrehzahl größere Leistung zu begründen.

Einfluss der Abgasgegendruckerhöhung auf die Abgastemperatur

Die Abgastemperatur ist neben dem Druck und der Temperatur vor der Turbine die Zustandsgröße zur Beschreibung der zur Verfügung stehenden Abgasenergie. Je höher diese Temperatur desto größer ist die nutzbare Leistung der Turbine. Deshalb muss geklärt werden, welchen Einfluss die Erhöhung des Abgasgegendrucks auf die Abgastemperatur hat. Interessant ist das Ergebnis der Messung aus **Abbildung 7.9**. Es zeigt sich, dass mit der Abgasgegendruckerhöhung auch die Abgastemperatur steigt. Betrachtet man nur den Auslasskanal und den Abgaskrümmer, so erhöht sich der Wärmeübergangskoeffizient α mit dem Abgasgegendruck. Dies führt zu einer Erhöhung des konvektiven Wärmeübergangs und zu einer Verringerung der Abgastemperatur.

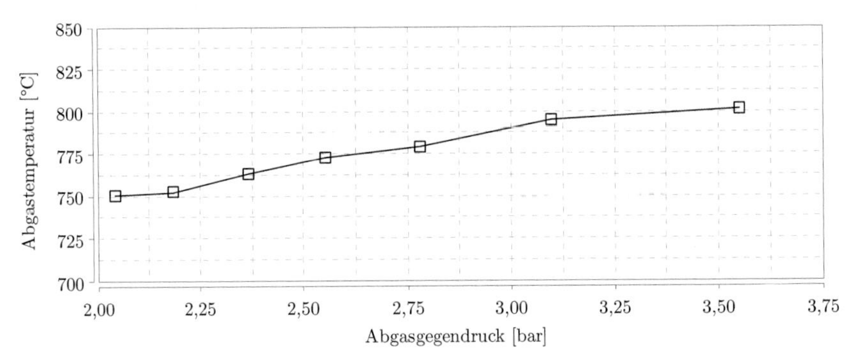

Abbildung 7.9: Einfluss des Abgasgegendrucks auf die Abgastemperatur
(4000 1/min; Luftverhältnis 1,3; Ladedruck 2,75 bar abs)

Die alleinige Betrachtung des Teilsystems Abgaskrümmer liefert somit nicht die Erklärung für den Anstieg der Abgastemperatur. Eine physikalische Betrachtung des Ausström- und Ausschiebvorgangs muss deshalb durchgeführt werden. Das T-s-Diagramm aus **Abbildung 7.10** zeigt den schrittweisen Ausströmvorgang aus dem Zylinder.

Sobald die Auslassventile öffnen, strömt eine infinitesimale kleine Abgasteilmasse mit der Temperatur T_Z aus dem Zylinder und wird im Abgaskrümmer auf das Abgasgegendruckniveau gedrosselt. Betrachtet man die Zustandsänderung im Zylinder, so ergibt sich ein Enthalpiestrom über die Auslassventile. Aufgrund des adiabten Brennraums erfolgt eine isentrope Expansion im Zylinder mit der entsprechenden Temperatursenkung. Im nächsten Zeitschritt strömt eine Teilmasse mit der niedrigeren Temperatur aus dem Brennraum und es stellt sich wieder eine neue Temperatur in ihm ein. Dieser Vorgang wiederholt sich, bis der Zylinderdruck dem Abgasgegendruck entspricht. Danach erfolgt ein isobares Ausschieben der restlichen Abgasmasse. Aus der Anschauung wird klar, dass sich eine mittlere Abgastemperatur als Mischtemperatur zwischen $T_{3'}$ und T_Z ergibt.

Diese Vereinfachung bildet die Basis für die analytische Bestimmung der Abgastemperatur in Abhängigkeit des Abgasgegendrucks. Zunächst werden die zwei Systemgrenzen der beiden Teilsysteme

- Zylinder und
- Abgaskrümmer

eingeführt.

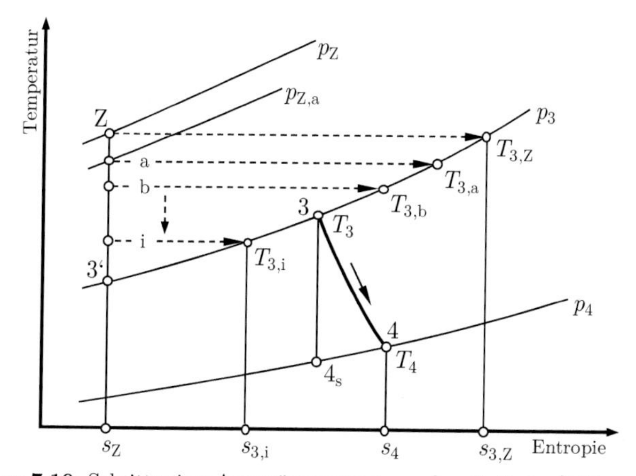

Abbildung 7.10: Schrittweiser Ausströmvorgang aus dem Zylinder [115]

Über den ersten Hauptsatz der Thermodynamik (5.2) ergibt sich für das System Brennraum

$$dW_{\text{tech,Z}} + dQ_{\text{a,Z}} + \sum dm_{\text{i,z}}(h_{\text{i,Z}} + e_{\text{a,Z}}) = dU_{\text{Z}} + dE_{\text{a,Z}} \tag{7.5}$$

und für das Teilsystem Abgaskrümmer

$$dW_{\text{tech,AK}} + dQ_{\text{a,AK}} + \sum dm_{i,\text{AK}}(h_{i,\text{AK}} + e_{\text{a,AK}}) = dU_{\text{AK}} + dE_{\text{a,AK}}. \tag{7.6}$$

Durch den Ausströmvorgang wird keine technische Arbeit verrichtet und es erfolgt in der vereinfachten Betrachtung keine Wärmeabfuhr. Dennoch transportieren die beiden Teilsysteme Energie zwischen ihren Systemgrenzen. Dieser Enthalpiestrom der beiden Systeme lässt sich über

$$\sum dm_{i,\text{Z}} h_{i,\text{Z}} = \sum dm_{i,\text{AK}} h_{i,\text{AK}} \tag{7.7}$$

bilanzieren.

Für ideale Gase gilt

$$h_1 - h_2 = c_p(T_1 - T_2) \tag{7.8}$$

und

$$pV = mRT. \tag{7.9}$$

Zur Vereinfachung wird der Ausström- und Ausschiebevorgang aus dem Zylinder in die Abschnitte I und II unterteilt.

Abschnitt I entspricht dem Ausströmen des Abgases bis auf das Abgasgegendruckniveau bei konstantem Zylindervolumen. Anschließend erfolgt das isobare Ausschieben der restlichen Abgasmasse des Zylinders durch die Kolbenbewegung in Richtung oberer Totpunkt. Dieser Vorgang bildet Abschnitt II. Der Enthalpiestrom beider Abschnitte wird getrennt betrachtet. Es ergibt sich somit für den Enthalpiestrom aus dem Zylinder

$$\begin{aligned}\sum dm_{i,\mathrm{Z}} h_{i,\mathrm{Z}} &= H_{I,\mathrm{Z}} + H_{II,\mathrm{Z}} = c_p \int_{m_Z}^{m_I} T_{I,i} dm_I + c_p T_{II} m_{II} = H_{\mathrm{AK}} \\ &= c_p T_3 m_{i,\mathrm{AK}}.\end{aligned} \tag{7.10}$$

Über den ersten Hauptsatz des Systems Brennraum erfolgt eine isentrope Zustandsänderung während Abschnitt I. Die Temperatur im Zylinder wird über diese Zustandsänderung mit

$$T_{I,i} = T_\mathrm{Z} \left(\frac{p_{I,i}}{p_\mathrm{Z}}\right)^{\frac{\kappa_{Z,3}-1}{\kappa_{Z,3}}} \tag{7.11}$$

berechnet. Die aus dem Zylinder strömende Abgasmasse $m_{I,i}$ (Abschnitt I) berechnet sich für jeden Zeitschritt mit

$$m_{I,i} = m_\mathrm{Z} - m_{II,i}. \tag{7.12}$$

Unter Vernachlässigung des Restgases beträgt die Zylindermasse zum Zeitpunkt, an dem die Auslassventile gerade noch geschlossen sind

$$m_\mathrm{Z} = \frac{p_\mathrm{Z} V_\mathrm{Z}}{R_3 T_\mathrm{Z}}. \tag{7.13}$$

Die Zylindermasse nach dem Ausströmvorgang lässt sich mit

$$m_{II,i} = \frac{p_{I,i} V_\mathrm{Z}}{R_3 T_{I,i}} = \frac{p_{I,i} V_\mathrm{Z}}{R_3 T_\mathrm{Z} \left(\frac{p_{I,i}}{p_\mathrm{Z}}\right)^{\frac{\kappa_{\mathrm{Z},3}-1}{\kappa_{\mathrm{Z},3}}}} \tag{7.14}$$

berechnen.

Daraus lässt sich der Enthalpiestrom des Abschnitts *II* zu

$$H_{II,Z} = c_p T_{II} m_{II} = c_p T_Z \left(\frac{p_3}{p_Z}\right)^{\frac{\kappa_{Z,3}-1}{\kappa_{Z,3}}} \frac{p_3 V_Z}{R_3 T_Z \left(\frac{p_3}{p_Z}\right)^{\frac{\kappa_{Z,3}-1}{\kappa_{Z,3}}}} = c_p \frac{p_3 V_Z}{R_3} \tag{7.15}$$

vereinfachen. Der Enthalpiestrom des Abschnitts *I* muss aufgrund der Änderung der Temperatur über den Massenstrom integriert werden. Er kann zu

$$H_{I,Z} = c_p \int_{m_Z}^{m_I} T_{I,i} dm_I = c_p \int_{p_Z}^{p_3} T_{I,i} \frac{dm_I}{dp_{I,i}} dp_{I,i} \tag{7.16}$$

umgeformt werden. Mit

$$\frac{dm_I}{dp} = \frac{-V_Z p_Z \left(\frac{p_{I,i}}{p_Z}\right)^{\frac{1}{\kappa_{Z,3}}}}{\kappa_{Z,3} R_3 p_{I,i} T_Z} \tag{7.17}$$

und (7.11) vereinfacht sich der Enthalpiestrom des Abschnitts *I* zu

$$\begin{aligned} H_{I,Z} &= c_p \int_{p_Z}^{p_3} \frac{-V_Z p_Z \left(\frac{p_{I,i}}{p_Z}\right)^{\frac{1}{\kappa_{Z,3}}}}{\kappa_{Z,3} R_3 p_{I,i} T_Z} T_Z \left(\frac{p_{I,i}}{p_Z}\right)^{\frac{\kappa_{Z,3}-1}{\kappa_{Z,3}}} dp_{I,i} \\ &= c_p \frac{V_Z}{\kappa_{Z,3} R_3} (p_Z - p_3). \end{aligned} \tag{7.18}$$

Durch Einsetzen von (7.18) und (7.15) in (7.10) ergibt sich

$$H_{I,Z} + H_{II,Z} = c_p \frac{V_Z}{\kappa_{Z,3} R_3} (p_Z - p_3) + c_p \frac{p_3 V_Z}{R_3} = H_{AK} = c_p T_3 \frac{p_Z V_Z}{R_3 T_Z}. \tag{7.19}$$

Gleichung (7.19) kann stark vereinfacht und nach der Abgastemperatur T_3

$$T_3 = \frac{T_Z}{p_Z} \left(\frac{p_Z - p_3}{\kappa_{Z,3}} + p_3 \right) \tag{7.20}$$

aufgelöst werden. Somit lässt sich die Abgastemperatur in Abhängigkeit des Abgasgegendrucks berechnen.

In **Tabelle 7.2** sind für zwei Randbedingungen die Eingangsgrößen zur Abgastemperaturberechnung dargestellt. Die erste Randbedingung (I.) entspricht dabei den thermodynamischen Zustandsgrößen, welche zum Zeitpunkt, an dem die Auslassventile gerade noch geschlossen sind, herrschen.

Da die Auslassventile schon vor dem unteren Totpunkt öffnen und der Ausströmvorgang aufgrund seiner zeitlichen Dauer nicht isochor ablaufen kann, muss zur exakten

Bestimmung der Abgastemperatur für jeden Zeitschritt eine Berechnung durchgeführt werden.

Tabelle 7.2: Eingangsgrößen für die Abgastemperaturberechnung

		Randbedingung	
		I. AV vor Öffnen	II. Unterer Totpunkt
Temperatur im Zylinder vor AÖ	[K]	1300	1250
Druck im Zylinder vor AÖ	[bar]	12	8
Hubvolumen	[l]	0,6167	0,6167
Isentropenexponent	[-]	1,2913	1,2913

Dennoch liefert die idealisierte Berechnung der Abgastemperatur in Abhängigkeit des Abgasgegendrucks ein ähnliches Ergebnis wie die Messung, **Abbildung 7.11**. Durch eine Anpassung der Zustandsgrößen auf die Randbedingung II., welche den Zustand des ausströmenden Abgases exakt im unteren Totpunkt beschreibt, lässt sich die Berechnung entsprechend der Messung optimieren. Gleichung (7.20) führt unter Berücksichtigung der Randbedingungen für beide Fälle zu einer ähnlichen Steigerung der Abgastemperatur über den Abgasgegendruck.

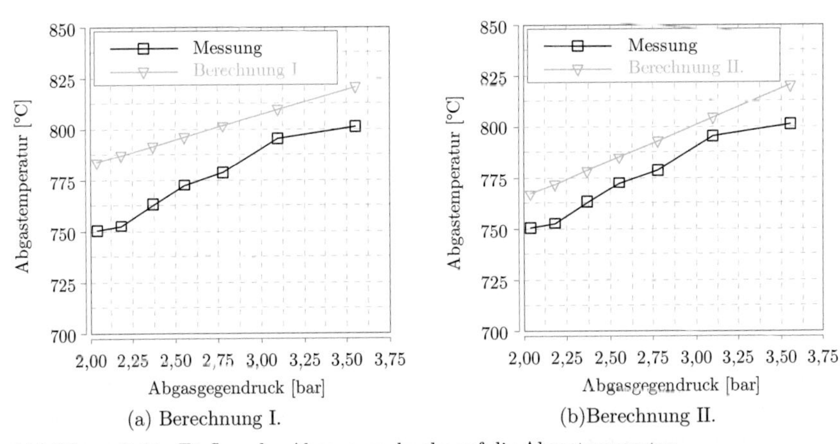

(a) Berechnung I. (b)Berechnung II.

Abbildung 7.11: Einfluss des Abgasgegendrucks auf die Abgastemperatur
(4000 1/min; Luftverhältnis 1,3; Ladedruck 2,75 bar abs)

Im Vergleich zur Messung ergibt sich bei der Berechnung der Abgastemperatur für beide Randbedingungen ein erhöhtes Niveau. Dies kann durch den Wärmestrom über Zylinderkopf und Abgaskrümmer begründet werden, welcher in der adiabaten Betrachtung nicht berücksichtigt wird. Zusätzlich vergrößert sich der Wärmeübergangskoeffizient bei einem höheren Abgasgegendruck, sodass die Wärmeabgabe nicht nur mit höherer Abgastemperatur aufgrund der Steigerung des treibenden Temperaturgefälles steigt, sondern auch mit einer Erhöhung des Abgasgegendrucks. Dies führt zu einem leicht degressiven Verlauf der Abgastemperaturzunahme in der Messung aus **Abbildung 7.11**. Anhand dieser Analyse wird deutlich, dass ein Teil der höheren Ladungswechselarbeit durch die Abgasgegendrucksteigerung in thermische Energie gewandelt wird und somit zu einer Erhöhung der Abgastemperatur führt. Dadurch vergrößert sich die Abgasexergie bei der Abgasgegendrucksteigerung überproportional und ein Teil der erhöhten Ladungswechselarbeit kann zusätzlich thermisch an der Turbine genutzt werden.

Aus der Simulation des Gesamtsystems zeigt sich die hohe Sensitivität des Turbocompound-Verfahrens bezüglich der Abgastemperatur. Die Abgastemperatur im Abgaskrümmer entspricht näherungsweise der Turbineneintrittstemperatur. Nach Gleichung (5.49) geht diese Temperatur linear in die Leistung der Abgasturbine ein. Durch die verbaute Krümmerisolierung wird eine Reduktion des konvektiven Wärmeübergangs und der Wärmestrahlung an die Umgebung erreicht und die Abgasexergie wird mit geringstmöglichen Verlusten an die Turbine geleitet.

Nicht nur während des Volllastbetriebs des Verbrennungsmotors, sondern auch im Schubbetrieb ergibt sich durch die Krümmerisolierung ein positiver Nebeneffekt. Nach langen Volllastphasen folgen im regulären Rennbetrieb immer kurze Schubphasen. Die Isolierung bewirkt, dass die thermische Masse des Krümmers besser genutzt wird. Die aus der Volllast gespeicherte Wärme des Krümmers wird nicht an die Umgebung, sondern hauptsächlich an das durch den Krümmer strömende Gas abgegeben. So erhöht sich die über die Turbine nutzbare Enthalpie auch im Schubbetrieb und die Turboladerdrehzahl bricht weniger stark ein. Dies hat den Vorteil, dass der Fahrer nach der Kurve mit einem wesentlich höheren Ladedruck beschleunigen kann.

Einfluss der Abgasgegendruckerhöhung auf den Restgasgehalt

Bei dem untersuchten luftmassenbegrenzten Rennmotor ist die Ventilüberschneidung sehr gering gewählt, um einen möglichst hohen Fanggrad der Frischluft zu erzielen. Hierdurch wird erreicht, dass wenig Luftmasse ungenutzt den Zylinder passiert. Eine Erhöhung des Abgasgegendrucks führt deshalb, zum Zeitpunkt, an dem die Auslassventile schließen, zwangsläufig zu einem höheren Zylinderdruck im Brennraum. Hierdurch ergibt sich eine Steigerung des Restgasgehalts im Zylinder. Dieser Zusammenhang ist in **Abbildung 7.12** zu erkennen. Wie auch bei den vorherigen Messungen ist hier die Motordrehzahl, die Last und die Turboladerdrehzahl konstant gehalten und eine Abgasgegendruckvariation durchgeführt. Interessant ist, dass sich der Ladedruck trotz identischem Luftmassendurchsatz von Betriebspunkt I. auf II. um ca. 1,1% erhöht. Diese Ladedrucksteigerung ist auf ein geringeres Schluckvermögen des Verbrennungsmotors zurückzuführen. Aufgrund des höheren Abgasgegendrucks vergrößert sich der Restgasgehalt. Ist nun eine identische Frischluftmasse im Zylinder gefordert, so muss sich der Ladedruck erhöhen. Anhand des Restgasmodells nach

Müller-Bertling [75] lässt sich die Restgasmasse aus der thermischen Zustandsgleichung im oberen Ladungswechsel-Totpunkt mit

$$m_{\mathrm{RG}} = \frac{p_{\mathrm{Z,LWOT}} V_{\mathrm{Z,LWOT}}}{R_3 T_{\mathrm{RG}}} \tag{7.21}$$

berechnen. Unter Berücksichtigung von

$$V_{\mathrm{Z,LWOT}} = \frac{V_{\mathrm{h}}}{\varepsilon - 1} \tag{7.22}$$

wird (7.21) zu

$$m_{RG} = \frac{p_{\mathrm{Z,LWOT}} V_{\mathrm{h}}}{R_3 T_{\mathrm{RG}} (\varepsilon - 1)}. \tag{7.23}$$

Die Masse des Gasgemisches im Zylinder zum Zeitpunkt, an dem die Einlassventile gerade geschlossen sind, entspricht

$$m_{\mathrm{Z}} = m_{\mathrm{L,Z}} + m_{\mathrm{RG}} \approx \frac{p_{22} V_{\mathrm{h}}}{R_{\mathrm{L}} T_{22}}. \tag{7.24}$$

Da die Turboladerdrehzahl in den Messreihen konstant gehalten wurde, ist auch der Luftmassendurchsatz und die Frischluftmasse im Zylinder bei Ladungswechselende $m_{\mathrm{L,Z}}$ unverändert. Mit erhöhtem Abgasgegendruck und Restgasgehalt durch das Turbocompound-Verfahren steigt der Ladedruck unter sonst konstanten Bedingungen an.

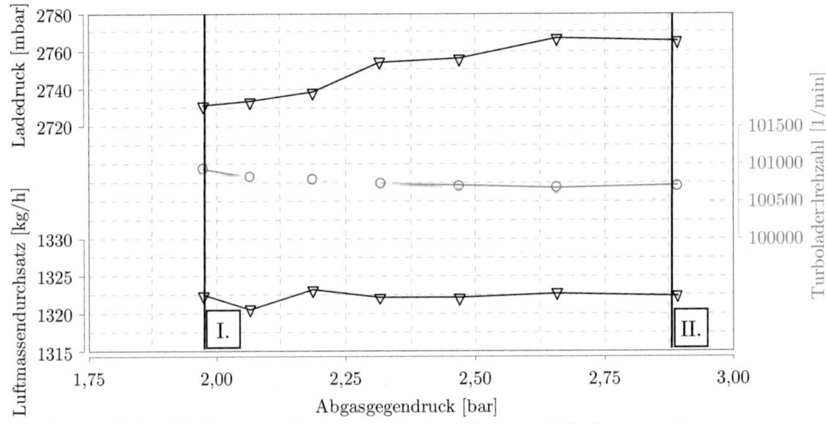

Abbildung 7.12: Einfluss der Abgasgegendruckerhöhung auf die Ansaugseite
(Motordrehzahl 4000 1/min; Luftverhältnis 1,08)

Der Restgasgehalt

$$\chi_{\mathrm{RG}} = \frac{m_{\mathrm{RG}}}{m_{\mathrm{Z}}} \tag{7.25}$$

lässt sich mit Hilfe von (7.23) und (7.24) zu

$$\chi_{\mathrm{RG}} = \frac{m_{\mathrm{RG}}}{m_{\mathrm{Z}}} = \frac{p_{\mathrm{Z,LWOT}} R_{\mathrm{L}} T_{22}}{p_{22} R_3 T_{\mathrm{RG}} (\varepsilon - 1)} \tag{7.26}$$

vereinfachen. Zur Bestimmung der Restgastemperatur stehen empirische Ansätze zur Verfügung [75,92]. Aufgrund der im Rahmen dieser Arbeit durchgeführten Ladungswechselrechnung sind die thermodynamischen Zustandsgrößen aus der Simulation entnommen. Für den Betriebspunkt I. aus **Abbildung 7.12** ergibt sich mit (7.26) ein Restgasgehalt von 1,6%. Beim letzten Betriebspunkt II., mit einem sich einstellenden Abgasgegendruck von ca. 2,88 bar, beträgt der Restgasgehalt 2,3%.

Unter Vernachlässigung der Änderung der Restgastemperatur in Abhängigkeit des Abgasgegendrucks verhält sich der Restgasgehalt proportional zum Abgasgegendruck

$$\chi_{\mathrm{RG}} = \frac{m_{\mathrm{RG}}}{m_{\mathrm{Z}}} \approx \frac{p_{\mathrm{Z,LWOT}}}{p_{22}}. \tag{7.27}$$

Vergleicht man das gewonnene Ergebnis mit dem Ergebnis der Simulation aus **Abbildung 5.18**, so lässt sich sowohl der proportionale Verlauf des Restgasgehaltes in Abhängigkeit zum Abgasgegendruck erklären als auch die vereinfacht berechneten Restgasgehalte in erster Näherung bestätigen.

7.2.4 Auswirkung auf den variablen elektrischen Turbolader

Im vorherigen Abschnitt wurde die Auswirkung des Turbocompound-Verfahrens auf den Verbrennungsmotor untersucht. Das zweite Teilsystem des Turbocompound-Verfahrens ist der variable elektrische Turbolader (VET).

Kennwerte des Abgasturboladers

Beim Turbocompound-Verfahren wird der Abgasgegendruck erhöht, sodass durch die Turbine mehr Leistung generiert wird, als für den Betrieb des Verdichters notwendig ist. Als Folge daraus ändern sich die thermodynamischen Randbedingungen an der Turbine. In **Abbildung 7.13** (a) ist die Abgastemperatur vor und nach der Turbine sowie der Druck nach der Turbine über den Abgasgegendruck dargestellt. Mit steigendem Abgasgegendruck vor der Turbine erhöht sich gleichzeitig das Druckverhältnis über die Abgasturbine. Hierdurch vergrößert sich die in der Turbine umgesetzte Leistung. Dieser Effekt lässt sich mit Hilfe der Abgastemperatur bestätigen. Trotz der steigenden Abgastemperatur vor der Turbine, reduziert sich mit höherem Abgasgegendruck die Temperatur nach der Turbine. Dies lässt darauf schließen, dass in der

Turbine bei sonst unveränderten Bedingungen eine größere Enthalpie in mechanische Energie gewandelt wurde.

Durch den VTG-Mechanismus ist es möglich, den Abgasgegendruck bei einer konstanten Turboladerdrehzahl verschieden einzustellen. Dies bietet den Vorteil, dass der Ladedruck unabhängig von der Rekuperation geregelt werden kann. Besteht ein erhöhter Bedarf zur elektrischen Rekuperation, so kann über die VTG-Position der Abgasgegendruck und damit die zusätzliche Rekuperationsleistung des Turbocompound-Verfahrens eingestellt werden. In **Abbildung 7.13** (b) ist die Änderung der VTG-Position und deren Einfluss auf den Abgasgegendruck dargestellt. Durch die Beeinflussung der Betriebsbedingungen an der Turbine ändert sich nicht nur der Abgasgegendruck, sondern auch die Laufzahl der Turbine. In der Darstellung wird ersichtlich, dass mit einer Erhöhung der VTG-Position der effektive Turbinenquerschnitt reduziert wird. In direkter Folge erhöht sich der Abgasgegendruck, sodass bei einer konstanten Turboladerdrehzahl die mittlere Laufzahl sinkt.

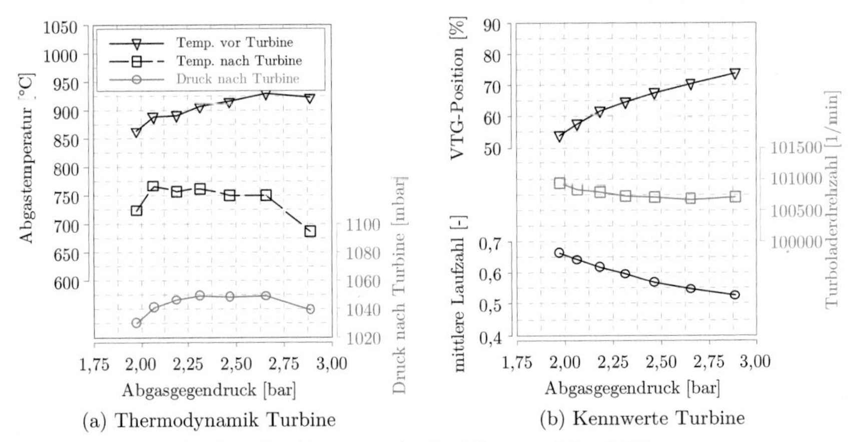

(a) Thermodynamik Turbine (b) Kennwerte Turbine

Abbildung 7.13: Einfluss der Abgasgegendruckerhöhung auf den VET *(4000 1/min; Luftverhältnis 1,08; Ladedruck 2,75 bar abs)*

Da der Wirkungsgrad der Turbine im Wesentlichen von der Laufzahl abhängt, ist es wichtig, dass die Turbine für den relevanten Betriebsbereich optimiert ist. Die in dieser Arbeit untersuchte Turbine zeigt, wie in Abschnitt 5.1.2 erläutert, bei leicht geschlossener Schaufelstellung und einer Laufzahl von 0,55-0,65 ihren effizientesten Betriebsbereich. Durch die verwendete Stoßaufladung schwankt die Laufzahl an der Turbine über ein Arbeitsspiel. Dennoch zeigt sich in der Abbildung, dass die verwendete Turbine für den relevanten Betriebsbereich geeignet ist.

7.2.5 Variation der elektrischen Rekuperationsleistung

Zur Untersuchung des Einflusses des Turbocompound-Verfahrens auf den Verbrennungsmotor wurde der Abgasgegendruck mit Hilfe des VET variiert. Dieses Verhalten wird durch die Änderung der elektrischen Leistungsanforderung an den VET, bei einem definierten Betriebspunkt des Verbrennungsmotors, erreicht. Dabei werden die Einspritzmasse sowie der Luftmassendurchsatz konstant gehalten. Die Vorgabe der elektrisch zu rekuperierenden Leistung erfolgt über eine eigens für den VET auf dem Motorsteuergerät programmierte Software. Über eine CAN Botschaft wird eine Leistungsanforderung an die CU-H gesendet. Diese steuert die IGBTs so an, dass der entsprechende Strom zum Batteriesimulator fließt. Hierdurch wird ein elektrisches Bremsmoment am Turbolader erzeugt. Um den Luftmassendurchsatz konstant zu halten, darf die Turboladerdrehzahl bzw. der Ladedruck trotz der elektrischen Last nicht sinken. Über die Ladedruckregelung wird deshalb der VTG-Mechanismus angesteuert. Hierbei wird der effektive Turbinenquerschnitt reduziert, wodurch sich eine Erhöhung des Abgasgegendrucks vor der Turbine ergibt. Somit steigt die Turbinenleistung an, sodass die Turbine sowohl die Antriebsleistung des Verdichters als auch die geforderte Rekuperationsleistung liefert. In **Abbildung 7.14** sind die elektrischen Messwerte an der Leistungselektronik des VET (CU-H) und am Batteriesimulator dargestellt. Die Zwischenkreisspannung ist am Batteriesimulator auf 430 V fest vorgegeben.

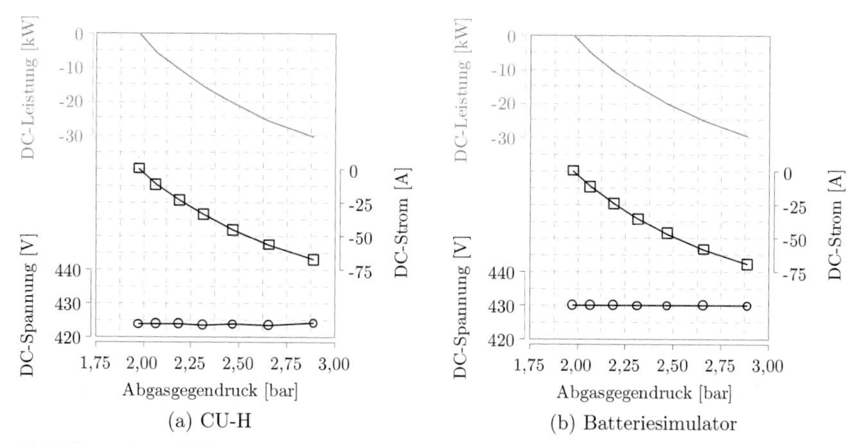

Abbildung 7.14: Elektrische Messwerte an den Komponenten in Abhängigkeit zum Abgasgegendruck *(4000 1/min; Luftverhältnis 1,08; Ladedruck 2,75 bar abs)*

Infolge der Anforderung einer elektrischen Rekuperationsleistung fließt, in Abhängigkeit zum Leistungsbedarf, ein elektrischer Strom. Die Rekuperationsleistung berechnet sich über die Werte für die Spannung und den Strom im Zwischenkreis mit

$$P_{VET} = U_{\mathrm{DC}} I_{\mathrm{DC}}. \tag{7.28}$$

Im Batteriesimulator erfolgt eine direkte Leistungsmessung. Dagegen wird in der CU-H nur die Leistung indirekt über Modelle ermittelt. Da sowohl die Werte der elektrischen Rekuperationsleistung am Batteriesimulator als auch an der CU-H übereinstimmen, ist sichergestellt, dass die Modelle richtig abgestimmt sind.

In dem gewählten Betriebspunkt konnte eine Rekuperationsleistung im Zwischenkreis von ca. 30 kW bei einer Abgasgegendruckerhöhung von etwa 1 bar realisiert werden. Diese elektrisch generierte Leistung muss mit den Ladungswechselverlusten des Verbrennungsmotors bilanziert werden. Die Gesamtpotentialbewertung des Turbocompound-Verfahrens erfolgt in Abschnitt 7.2.7.

7.2.6 Variation der elektrischen Unterstützung des Turboladers

Die direkte Kopplung der elektrischen Maschine ermöglicht sowohl den zuvor behandelten Betriebsmodus Rekuperation als auch das elektrische Unterstützen des Turboladers. Die elektrische Unterstützung kann zum einen genutzt werden, um den Turbolader im dynamischen Betrieb schneller zu beschleunigen und den Ladedruckaufbau somit zu verbessern. Zum anderen ist es möglich, den Turbolader auch während der Kurvenfahrt auf Betriebsdrehzahl zu halten. Die dabei zugrunde liegenden Effekte lassen sich über eine stationäre Untersuchung darlegen. Die Versuchsreihe ist aufgrund der Verfügbarkeit an einem leicht modifizierten R18 Motor mit einer Hubraumsteigerung auf 4,0 l und einem Verdichterrad mit einem Durchmesser von 102 mm durchgeführt. Diese Änderung hat für die grundsätzliche Aussage der Ergebnisse keinen Einfluss.

In **Abbildung 7.15** (a) ist die Steigerung der Turboladerdrehzahl in Abhängigkeit der Motordrehzahl und der elektrischen Unterstützung dargestellt. Für diese Messreihe wurde der VTG-Mechanismus maximal geschlossen und der Verbrennungsmotor geschleppt. Mit zunehmender Motordrehzahl ergibt sich auch ohne elektrische Zusatzleistung eine sich steigernde Turboladerdrehzahl. Über die elektrische Unterstützung kann die Turboladerdrehzahl im Schub erheblich gesteigert werden. Anhand von **Abbildung 7.15** wird deutlich, dass mit der Turboladerdrehzahlsteigerung auch eine Ladedruckerhöhung einhergeht. Durch den voll geschlossenen VTG-Mechanismus ergibt sich im geschleppten Betrieb im untersuchten Motordrehzahlbereich auch ohne elektrische Unterstützung ein Ladedruck von über 1600 mbar abs. Bei Aktivierung der elektrischen Zusatzleistung ist es möglich, diesen Ladedruck weiter zu steigern. Bei einer elektrischen Unterstützung von ca. 10 kW erhöht sich der Ladedruck um ca. 400 mbar. Zusätzlich zeigt sich, dass mit einer konstanten elektrischen Leistung von ca. 25 kW der Ladedruck während der gesamten Kurvenfahrt im Bereich des maximal zulässigen Ladedrucks gehalten werden kann, sodass das Fahrzeug nach der Kurve mit idealem Ladedruck beschleunigt. Um dieses Ladedruckniveau zu erreichen, ist jedoch eine weitaus höhere Verdichterantriebsleistung, als alleine durch die elektrische Unterstützung geliefert wird, notwendig. Ein Teil dieser Antriebsleistung wird im Schubbetrieb über die Turbinenleistung aufgebracht.

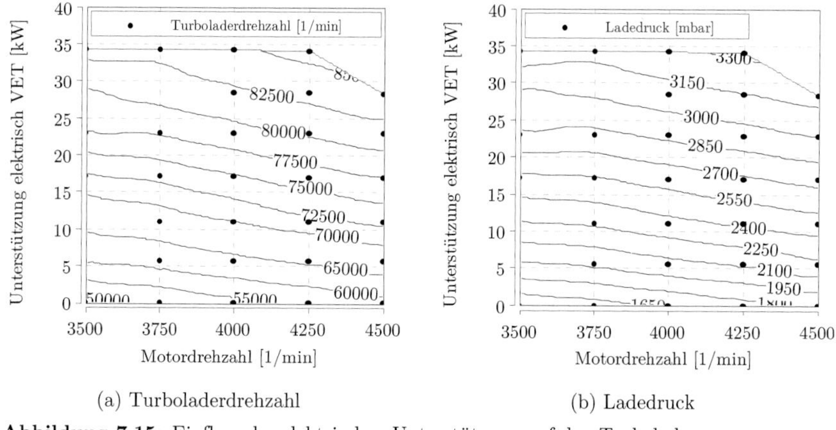

(a) Turboladerdrehzahl (b) Ladedruck

Abbildung 7.15: Einfluss der elektrischen Unterstützung auf den Turbolader *(Hubraum 4,0 l; ohne Restriktor; geschleppt)*

Zur detaillierten Erläuterung sind in **Abbildung 7.16** (a) die Einflüsse der elektrischen Unterstützung auf den Abgasgegendruck dargestellt.

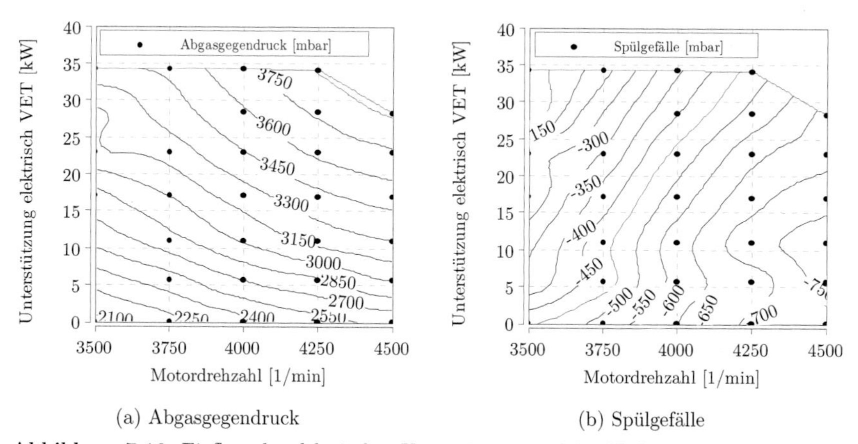

(a) Abgasgegendruck (b) Spülgefälle

Abbildung 7.16: Einfluss der elektrischen Unterstützung auf den Verbrennungsmotor *(Hubraum 4,0 l; ohne Restriktor; geschleppt)*

Durch den geschlossenen VTG-Mechanismus ist der effektive Turbinenquerschnitt sehr gering. Bei dem dabei konstant gehaltenen Querschnitt ergibt sich mit steigendem Luftmassenstrom ein höherer Abgasgegendruck. Dieser Druck erhöht die Abgasexergie und in direkter Folge die Turbinenleistung. Somit wird die Energie für die Verdichtung der Ladeluft nicht ausschließlich über die elektrische Leistung zur Verfügung gestellt, sondern auch in erheblichem Maße über die Antriebsleistung der Turbine. In diesem Zusammenhang erweist sich das sich einstellende Spülgefälle aus **Abbildung 7.16** (b) besonders interessant. Es spiegelt die Differenz zwischen Ladedruck und Abgasgegendruck wider. Mit steigender Motordrehzahl erhöhen sich das negative Spülgefälle sowie die Ladungswechselverluste. Da bei konstanter Motordrehzahl das negative Spülgefälle in Abhängigkeit der elektrischen Unterstützung reduziert wird, lässt sich hierdurch eine relative Verbesserung der Ladungswechselarbeit vermuten.

Dennoch führt die elektrische Zusatzleistung nicht zu einer Reduktion der Ladungswechselverluste. In **Abbildung 7.17** (a) lässt sich erkennen, dass mit steigender Motordrehzahl und elektrischer Unterstützung der effektive Mitteldruck sinkt. Dies ist eine Überlagerung der Reibverluste und der Ladungswechselverluste. Trotz der Verbesserung des Spülgefälles erhöht sich bei konstanter Motordrehzahl geringfügig die Ladungswechselarbeit, **Abbildung 7.17** (b).

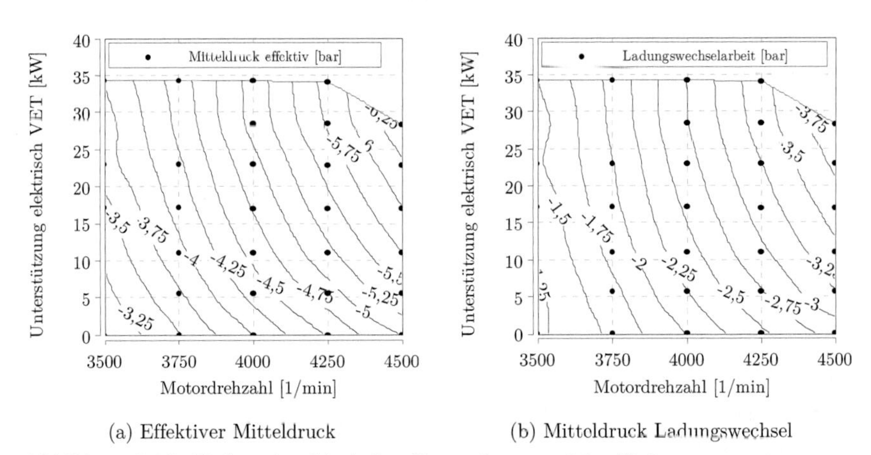

(a) Effektiver Mitteldruck (b) Mitteldruck Ladungswechsel

Abbildung 7.17: Einfluss der elektrischen Unterstützung auf den Verbrennungsmotor *(Hubraum 4,0 l; ohne Restriktor; geschleppt)*

Die Erhöhung der Schleppleistung im Schubbetrieb durch die elektrische Unterstützung hat keine negative Auswirkung auf die Fahrzeugbalance, sodass die Vorteile des Ansprechverhaltens durch den verbesserten Ladedruckaufbau beim Wechsel in die Volllast insgesamt deutlich überwiegen.

7.2.7 Gesamtpotential zur Effizienzsteigerung

Durch das Turbocompound-Verfahren ist es möglich, einerseits elektrische Leistung zu erzeugen, andererseits ergeben sich in Abhängigkeit der Abgasgegendruckerhöhung Verluste in der Ladungswechselschleife. Um dennoch eine Effizienzsteigerung zu erzielen, ist es erforderlich, dass in der Gesamtbilanz die Verluste geringer ausfallen. In **Abbildung 7.18** ist die in Abhängigkeit vom Abgasgegendruck rekuperierte Leistung den Verlusten am Verbrennungsmotor gegenübergestellt. In dem ausgewählten Betriebspunkt ergibt sich eine stark positive Gesamtbilanz.

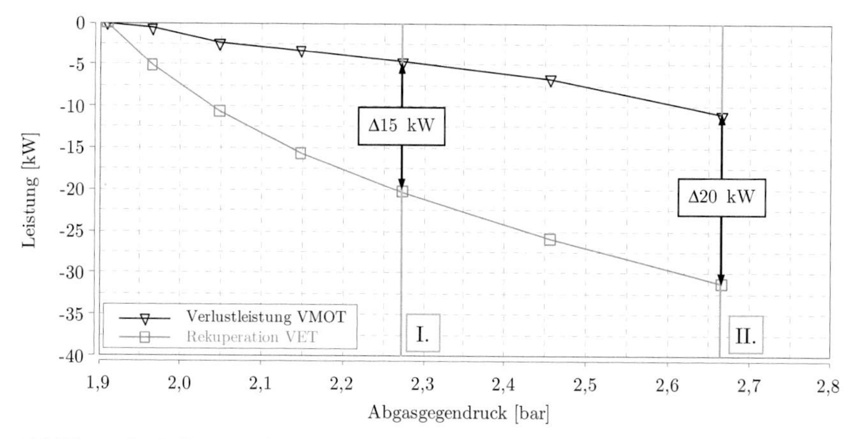

Abbildung 7.18: Leistungsbilanz zur Potentialuntersuchung des VET
(4750 1/min; Luftverhältnis 1,08; Ladedruck 2,32 bar abs)

Die detaillierte Betrachtung erfolgt über zwei Betriebspunkte. Im Betriebspunkt I. beträgt der Abgasgegendruck 2,27 bar abs. Hierbei ergibt sich am Verbrennungsmotor durch die Erhöhung der Ladungswechselarbeit eine Reduktion der effektiven Leistung um etwa 5 kW. Da in dem gewählten Betriebspunkt eine hohe Abgastemperatur vorherrscht, wird durch die geringe Steigerung des Abgasgegendrucks eine elektrische Leistung von 20 kW im Zwischenkreis erzeugt. Somit erhöht sich die Gesamtleistung des Antriebs mit Turbocompound-Verfahren in diesem Betriebspunkt um 15 kW.

Der Betriebspunkt II. hat einen Abgasgegendruck von 2,66 bar abs. Durch weitere Steigerung des Abgasgegendrucks entstehen Verluste am Verbrennungsmotor von insgesamt 11 kW. Im Gegensatz dazu werden 31 kW elektrisch rekuperiert, sodass sich insgesamt ein Leistungsplus von 20 kW ergibt. Daraus wird deutlich, dass sich durch das Turbocompound-Verfahren in diesem Betriebsbereich des Verbrennungsmotors eine erhebliche Leistungsverbesserung erzielen lässt. Da die Einspritzmenge konstant gehalten ist, ergibt sich zwangsläufig eine Wirkungsgradsteigerung des Gesamtantriebs, sodass das Turbocompound-Verfahren unter diesen Randbedingungen zu einer Effizienzsteigerung führt.

Betrachtet man die real für das Fahrzeug zur Verfügung stehende Effizienzsteigerung, so muss die durch das Turbocompound-Verfahren elektrisch rekuperierte Leistung noch mit dem Wirkungsgrad, der bis zur Nutzung anfällt, multipliziert werden. Für die direkte Nutzung dieser Leistung für den Fahrantrieb über die elektrische Vorderachse ergibt sich die Wirkungsgradkette IIa aus Abschnitt 5.2.1. Für die Bestimmung der Gesamteffizienzsteigerung des Antriebs, welche im Folgenden behandelt wird, wurde ein konstanter elektrischer Wirkungsgrad der Vorderachs-MGU von 90% angenommen.

In **Abbildung 7.19** ist der spezifische Verbrauch sowohl für den Verbrennungsmotor (a) als auch für den Gesamtantrieb (b) bei einem Luftverhältnis von $\lambda = 1{,}18$ dargestellt. Der verwendete handelsübliche Dieselkraftstoff hat einen Heizwert von 43,06 MJ/kg. In den untersuchten Höchstlastbetriebspunkten zeigt der untersuchte R18 Rennmotor sehr gute Verbrauchswerte. Bei einer Drehzahl von 4000 1/min ergibt sich ohne Rekuperation ein Bestwert von 202,1 g/kWh im spezifischen Verbrauch. Mit steigender Motordrehzahl vergrößert sich der spezifische Verbrauch aufgrund der erhöhten Reibleistung und dem ungünstigeren Brennverlauf.

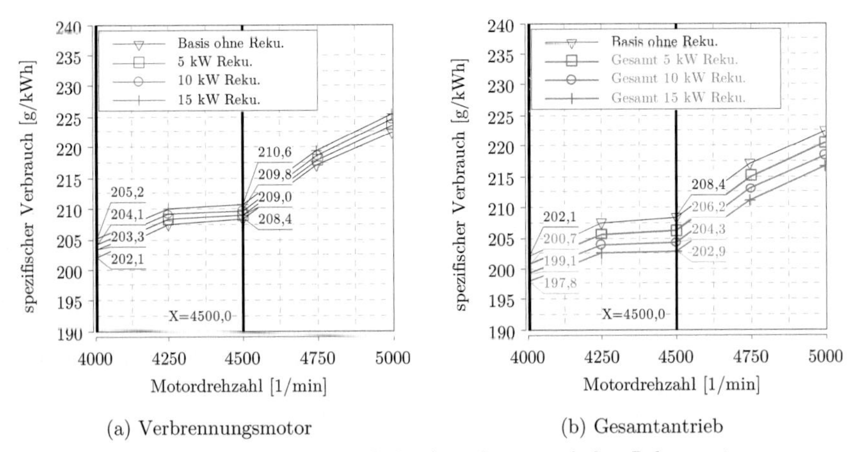

Abbildung 7.19: Spezifischer Verbrauch des Antriebs mit und ohne Rekuperation *(max. Ladedruck 2,8 bar abs; Luftverhältnis 1,18; Abgastemperatur ca. 820 °C)*

Durch das Turbocompound-Verfahren steigen Abgasgegendruckniveau und Ladungswechselverluste an. Bilanziert man nur den Verbrennungsmotor, so verschlechtert sich der spezifische Verbrauch in Verbindung mit der Rekuperation von Abgasenergie. Diese Verschlechterung führt im Diagramm zu einer Parallelverschiebung der Verbrauchslinien. Erweitert man nun die Systemgrenze und berücksichtigt zusätzlich die vom VET rekuperierte Leistung mitsamt der Wirkungsgradkette bis zur Nutzung zum Fahrantrieb an der elektrischen Vorderachse, so ergibt sich der spezifische Verbrauch des Gesamtantriebs aus **Abbildung 7.19** (b). Hier zeigt sich, dass ausgehend vom Verbrauch ohne Rekuperation eine Verbesserung des spezifischen Verbrauchs des Gesamtantriebs über den gesamten Drehzahlbereich ermöglicht wird.

Es ergibt sich sogar ein neuer Bestpunkt mit einem spezifischen Verbrauch des Gesamtantriebs von nur 197,8 g/kWh bei einer Drehzahl von 4000 1/min und einer elektrischen Rekuperationsleistung von 15 kW.

In **Abbildung 7.20** ist die Untersuchung des spezifischen Verbrauchs mit einem Luftverhältnis von $\lambda = 1{,}08$ durchgeführt. Die weitere Anhebung der Motorlast führt zu einer gesteigerten Abgastemperatur. Da die Abgasexergie maßgeblich von der Abgastemperatur abhängt, steigert sich somit das Potential der Abgasenergierückgewinnung bei gleicher Erhöhung des Abgasgegendrucks.

Vergleicht man **Abbildung 7.20** (a) mit **Abbildung 7.19** (a) so zeigt sich, dass die Verringerung des Luftverhältnisses zunächst zu einer Verschlechterung des spezifischen Verbrauchs am Verbrennungsmotor führt. Ein wesentlicher Grund hierfür ist, dass sich der Isentropenexponent durch das fettere Gemisch reduziert und somit die relative Expansionsarbeit im Arbeitstakt verringert wird.

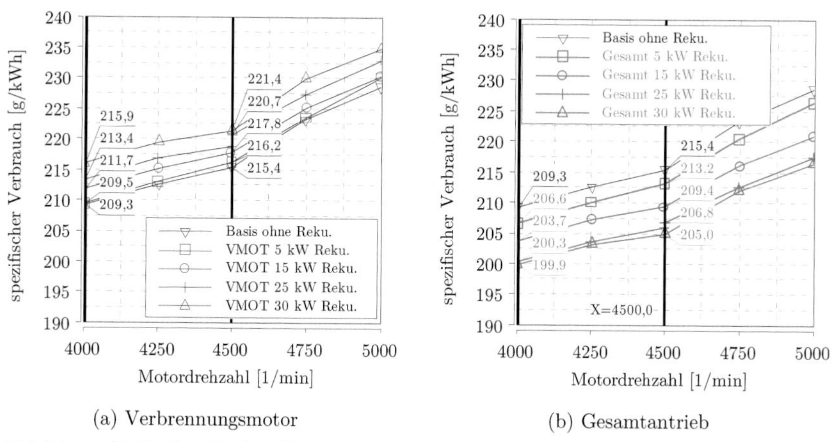

Abbildung 7.20: Spezifischer Verbrauch des Antriebs mit und ohne Rekuperation *(max. Ladedruck 2,8 bar abs; Luftverhältnis 1,08; Abgastemperatur ca. 900 °C)*

Im Bestpunkt ohne Rekuperation steigt der spezifische Verbrauch auf 209,3 g/kWh an. Dieser vergleichsweise schlechte Verbrauch kann über das Turbocompound-Verfahren nahezu kompensiert werden. Durch die Rekuperation von 30 kW ergibt sich für den Gesamtantrieb ein spezifischer Verbrauch von ca. 199,9 g/kWh im Bestpunkt.

Aus der Darstellung geht zusätzlich hervor, dass die Steigerung von 25 kW auf 30 kW Rekuperationsleistung zu einer nur noch geringfügigen Verbesserung des spezifischen Verbrauchs führt. Hintergrund hierfür ist einerseits die Verschlechterung des Betriebsbereichs der Turbine und andererseits das überproportionale Anheben des Abgasgegendrucks, um eine Steigerung der isentropen Turbinenleistung zu erhalten.

Die zuvor untersuchte Änderung des spezifischen Verbrauchs durch das Turbocompound-Verfahren wurde anhand zweier unterschiedlicher Luftverhältnisse durchgeführt. Für das Potential zur Effizienzsteigerung ist neben dem Turbinenwirkungsgrad und dem Ausschiebegrad die Abgastemperatur eine der wesentlichen Einflussgrößen. In **Abbildung 7.21** (a) ist deshalb die sich ergebende Effizienzsteigerung des Turbocompound-Verfahrens aller untersuchten Betriebspunkte berechnet und über die Abgastemperatur aufgetragen. Für die Bestimmung der Effizienzsteigerung wurde die Wirkungsgradkette IIa aus Abschnitt 5.2.1 inklusive dem elektrischen Fahrantrieb an der Vorderachse berücksichtigt.

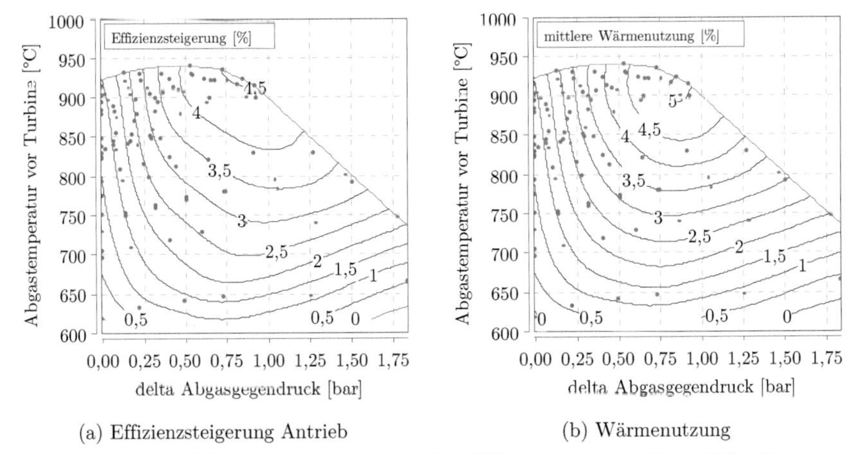

(a) Effizienzsteigerung Antrieb (b) Wärmenutzung

Abbildung 7.21: Effizienzsteigerung und mittlere Wärmenutzung zur Potentialbestimmung *(Variation Motordrehzahl, Luftverhältnis, VET Leistung)*

Es zeigt sich, dass bei dem verwendeten Versuchsträger unterhalb einer Abgastemperatur von 600 °C keine nennenswerte Effizienzsteigerung möglich ist. Mit einer Lastanhebung am Verbrennungsmotor und einer damit einhergehend höheren Abgastemperatur wird eine erhebliche Effizienzsteigerung realisiert. Bei einer gemessenen Abgastemperatur von über 900 °C und einer Abgasgegendruckerhöhung um 0,75 bar ergibt sich eine Effizienzsteigerung des Gesamtantriebs von über 4,5%.

Die Effizienzsteigerung zeigt in einem Bereich der Abgasgegendruckerhöhung von 0,7 bar bis 1,0 bar für alle Abgastemperaturen ein lokales Optimum. In der Simulation war dieses Optimum bei höheren Werten für die Abgasgegendruckerhöhung zu finden, vgl. **Abbildung 4.8**. Für den Potentialvergleich der verschiedenen Abgasenergierückgewinnungssysteme wurde der Turbinenwirkungsgrad in der Berechnung konstant gehalten. In Realität ist dieser jedoch von der Laufzahl und der VTG-Position abhängig. Deshalb ist für die verschiedenen Betriebspunkte in **Abbildung 7.22** zusätzlich die Laufzahl und die VTG-Position aufgetragen. Mit der Erhöhung des Abgasgegendrucks verringern sich die Laufzahl und der effektive Turbinenquerschnitt über die Verstellung der VTG-Position.

Vergleicht man die jeweiligen Messpunkte mit dem Wirkungsgradkennfeld der Turbine aus **Abbildung 5.5** so wird deutlich, dass eine Abgasgegendruckerhöhung über 1 bar die Turbine in einem schlechten Wirkungsgradbereich arbeiten lässt. Sowohl die Reduktion der Laufzahl als auch das weitere Schließen der VTG-Position führen zu ungünstigen Strömungsverhältnissen in der Turbine.

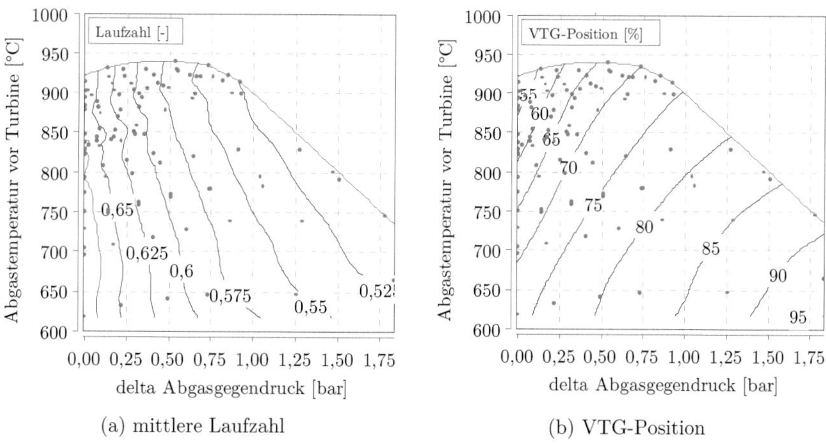

(a) mittlere Laufzahl (b) VTG-Position

Abbildung 7.22: Laufzahl und VTG-Position des VET
(Variation Motordrehzahl, Luftverhältnis, VET Leistung)

In Abschnitt 4.3 wurde der Gesamtsystemwirkungsgrad der verschiedenen Systeme zur Abgasenergierekuperation, welcher als Nutzleistung bezogen auf die Abgaswärmeleistung definiert wurde, zur Potentialanalyse herangezogen. Vergleicht man rückblickend das gemessene Kennfeld aus **Abbildung 7.21** (b) mit dem berechneten Kennfeld aus **Abbildung 4.8**, so ergibt sich eine sehr gute Übereinstimmung. Somit ist sichergestellt, dass sich die prognostizierten Werte der Vorausberechnung des möglichen Wirkungsgrades des Turbocompound-Verfahrens in Realität darstellen lassen. Daraus folgt, dass die Evaluation der verschiedenen Konzepte zur Abgasenergierückgewinnung aus Abschnitt 4.4 weiterhin ihre Gültigkeit behält und durch die Messung bestätigt ist.

7.3 Dynamische Untersuchung des Gesamtsystems

Die direkte Kopplung der elektrischen Maschine mit dem Turbolader ermöglicht nicht nur das Rekuperieren von elektrischer Leistung, sondern auch die elektrische Unterstützung des Turboladers zum verbesserten Ladedruckaufbau. Um den Einfluss der elektrischen Unterstützung isoliert zu betrachten, wurde der Motor bei dieser Messreihe im Schubbetrieb bei einer Drehzahl von 4000 1/min gehalten und zum Zeitpunkt $t_{I.} = 0$ s ein elektrischer Leistungssprung von 15 kW, 30 kW und 45 kW am VET aufgeprägt. Ohne elektrische Unterstützung würde der Ladedruck konstant bleiben. Da der VTG-Mechanismus im Schubbetrieb maximal geschlossen ist, ergibt sich auch ohne elektrische Unterstützung ein Ladedruck von etwa 1500 mbar abs. Im regulären Rennbetrieb würde sich nach einer typischen Schubphase während der Kurvenfahrt ein ähnlicher Wert für den Ladedruck einstellen und die Startbedingung für die anschließende Beschleunigungsphase sein. In Abschnitt 5.5.4 ist eine simulative Betrachtung des Ladedruckaufbaus mit elektrischer Unterstützung erfolgt. Vergleicht man die Messung aus **Abbildung 7.23** mit der Simulation aus **Abbildung 5.21**, so ergibt sich nach der Leistungsanforderung zum Zeitpunkt $t_{I.} = 0$ s zunächst eine Verzögerung bis die gewünschte elektrische Leistung vom VET gestellt werden kann. Dies ist einerseits durch den maximal zulässigen Stromgradienten bei der Ansteuerung in der Leistungselektronik, welcher zu einem begrenzten Drehmomentgradienten führt, und andererseits über die Drehmomentbegrenzung der elektrischen Maschine zu begründen. Der hierbei untersuchte VET mit dem modifizierten Verdichterrad erreicht seine maximale Leistung ab dem Eckpunkt bei einer Turboladerdrehzahl von 80000 1/min.

Ausgehend von der Leistungsanforderung, vergehen etwa 0,25 s (II.) bis eine Änderung an der Turboladerdrehzahl zu verzeichnen ist. Die ansteigende Turboladerdrehzahl führt zu einer Erhöhung des Ladedrucks. Aufgrund der großen Volumina in der Ladeluftstrecke, mit den sich dadurch ergebenden Trägheiten, geht mit einer Turboladerdrehzahlsteigerung nicht simultan eine Ladedrucksteigerung einher. Bei der Variante mit der maximalen elektrischen Unterstützung von 45 kW ergibt sich der laut Reglement maximal zulässige Ladedruck bei $t_{III.} = 1$ s. Dabei ist zu beachten, dass im realen Fahrbetrieb gleichzeitig eine Lastanhebung des Verbrennungsmotors überlagert ist, sodass die Abgasenthalpie erheblich steigt und das Ansprechverhalten weiter verbessert wird. Bemerkenswert ist, dass alleine durch die elektrische Unterstützung in Verbindung mit dem VTG-Mechanismus zu jedem Zeitpunkt der Ladedruck in der Schubphase auf dem aus dem Reglement maximal zulässigen Niveau gehalten werden könnte. Die hierfür benötigte elektrische Leistung beträgt nur zwischen 15 kW und 30 kW. Anhand des steigenden Abgasgegendrucks in Verbindung mit der elektrischen Unterstützung wird gleichzeitig klar, dass die erhöhte Verdichterantriebsleistung nicht nur ein Ergebnis der elektrischen Leistung ist, sondern auch aufgrund der höheren Abgasexergie mit größerem Luftmassendurchsatz entsteht. Für die sich dadurch ergebende Leistungsbilanz an der Turboladerhauptwelle wird an dieser Stelle auf die Berechnung aus **Abbildung 5.22** verwiesen.

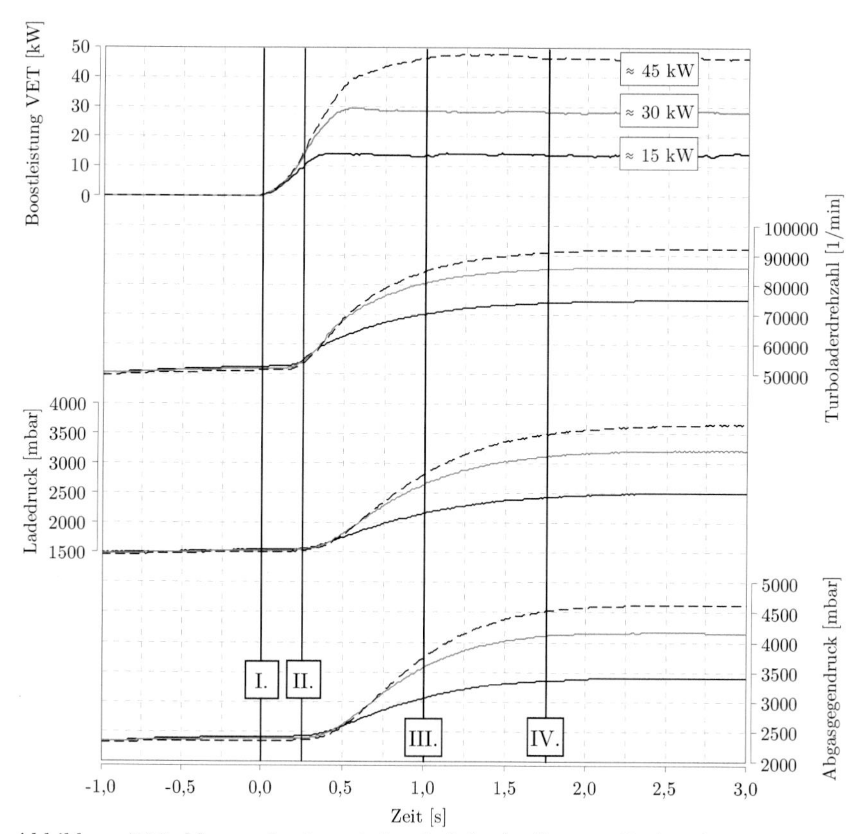

Abbildung 7.23: Messung des dynamischen Ladedruckaufbaus am Prüfstand *(4000 1/min, Schubbetrieb, VTG maximal geschlossen, Saugrohrvolumen 9 l, Verdichterrad 102 mm, Hubraum 4 l)*

Gerade das dynamische Verhalten des Ladedruckaufbaus auf der Rennstrecke kann nur im Realbetrieb untersucht werden. Ausschlaggebend hierfür ist, dass der Ladedruckaufbau in erheblichem Maße von der zur Verfügung stehenden Abgasexergie beeinflusst wird. Die Abgasexergie ist wiederum von der Motorlast, welche einerseits vom Ladedruck und andererseits von der maximal möglichen Leistungsfreigabe aufgrund des Reifenschlupfes begrenzt wird, abhängig. In **Abbildung 7.4** ist der Ladedruckaufbau des realen Fahrzeugs im dynamischen Betrieb auf der Rennstrecke abgebildet. Hierbei ist eine typische Kurvenfahrt mit anschließender Beschleunigung des Fahrzeugs mit und ohne elektrische Unterstützung des VET dargestellt. Anhand der Motorlast, welche vom Fahrer angefordert wird, lässt sich die Schubphase der Kurvenfahrt erkennen.

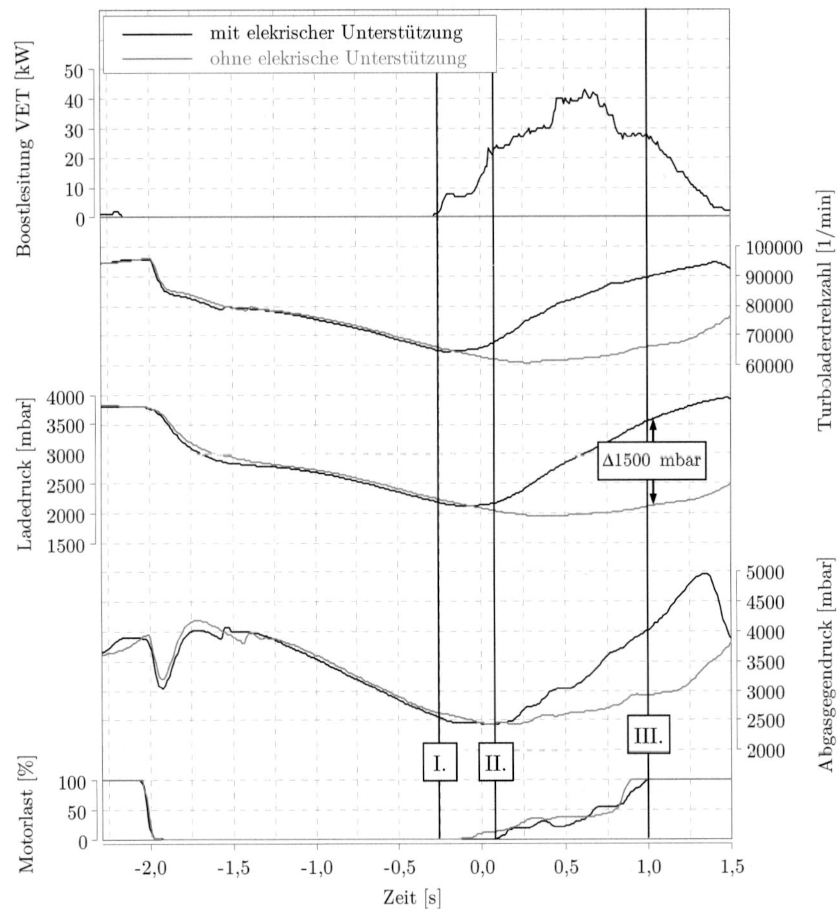

Abbildung 7.24: Messung des dynamischen Ladedruckaufbaus auf der Rennstrecke *(4000 1/min, Verdichterrad 102 mm, ohne Restriktor, Hubraum 4 l)*

Für diese Untersuchung wurde die elektrische Unterstützung des VET in Abhängigkeit des Streckprofils freigeben. Hierdurch ist es möglich, dass schon zum Zeitpunkt I., bevor der Fahrer seine initiale Lastanforderung stellt (II.), der Turbolader prädiktiv elektrisch unterstützt wird. Durch die elektrische Unterstützung erhöht sich der Ladedruck nach einer Sekunde (III.) im Vergleich zur konventionellen Variante um ca. 1500 mbar. Zu diesem Zeitpunkt fordert der Fahrer die maximale Leistung an. Durch den gesteigerten Ladedruck kann das Fahrzeug erheblich schneller beschleunigt werden, sodass die Schlupfgrenze der einzig limitierende Faktor ist.

Insgesamt lässt sich feststellen, dass der Ladedruckaufbau durch die elektrische Unterstützung erheblich verbessert wird. Aufgrund der Erhöhung des Luftmassendurchsatzes ergibt sich eine zusätzliche Erhöhung der Abgasexergie, sodass weitaus weniger elektrische Leistung benötigt wird, als man es zunächst vermuten würde. Die Ergebnisse der Simulation des Ladedruckaufbaus konnten anhand der Messung verifiziert werden. Zur weiteren Optimierung des Ladedruckaufbaus sind eine Reduktion der Volumina in der Ladeluftstrecke sowie eine Erhöhung des Stromgradienten und des maximalen Drehmoments der elektrischen Komponente zu empfehlen.

8 Differenzierte Ergebnisdarstellung des Turbocompound-Verfahrens

In den vorherigen Kapiteln wurde eine Potentialbewertung des Turbocompound-Verfahrens durchgeführt. Für die differenzierte Ergebnisdarstellung wird im Folgenden eine vertiefte thermodynamische Analyse durchgeführt, sodass die wesentlichen Wirkmechanismen und Auswirkungen der Abgasenergierekuperation mittels Turbocompound-Verfahren auf die Energie- und Exergiebilanz des Antriebs verdeutlicht werden.

8.1 Druckverlaufsanalyse

Basis der thermodynamischen Analyse des Hochdruckteils im Motorprozess ist die Auswertung des gemessenen Druckverlaufs. Die Untersuchung ist anhand eines Hochlastbetriebspunktes bei einer Drehzahl des Verbrennungsmotors von 4750 1/min durchgeführt. Da sich dieser Betriebspunkt im luftmassenbegrenzten Bercich befindet, beträgt der Ladedruck nur ca. 2,32 bar abs. Für die Brennverlaufsbestimmung wurde das FVV-Zylindermodul und die darin enthaltenen Modelle für Kalorik und Wandwärmeverluste verwendet [43]. Der sich somit ergebende Summenbrennverlauf ist in **Abbildung 8.1** (a) dargestellt. Trotz der hohen Motordrehzahl ergibt sich ein schneller Kraftstoffumsatz. Die in diesem Zyklus verbrannte Kraftstoffenergie beträgt etwa 4000 kJ pro Zylinder. Zusätzlich sind im unteren Teil des Diagramms der gemessene Zylinderdruckverlauf und die daraus berechnete mittlere Gastemperatur im Brennraum aufgetragen. Aufgrund des niedrigen Ladedrucks erreicht der Zylinderdruck bei schwerpunktoptimaler Verbrennung nicht den maximal möglichen Spitzendruck. Dennoch wird mit einem Zylinderspitzendruck von über 200 bar in diesem Betriebspunkt ein beachtlicher Wert erreicht. Sowohl das geringe Luftverhältnis als auch der hohe Zylinderdruck führen zu großen Wandwärmeübergangskoeffizienten. In **Abbildung 8.1** (b) ist deshalb der Brennverlauf mit dem Gleichungsansatz von Bargende und Hohenberg zur Berechnung der instationären Wandwärmeverlust im Hochdruckteil vergleichend dargestellt [11,50]. Bemerkenswert ist dabei, dass beide Gleichungsansätze zu einem vergleichbaren Ergebnis des Brennverlaufs führen. Bei alleiniger Betrachtung der Wandwärmeverluste führt der Ansatz nach Bargende zu höheren Werten. Da jedoch der Wandwärmeverlust im Vergleich zur gesamten Energieumsetzung eine Größenordnung darunter liegt, haben die unterschiedlichen Ansätze kaum einen Einfluss auf den sich ergebenden Brennverlauf.

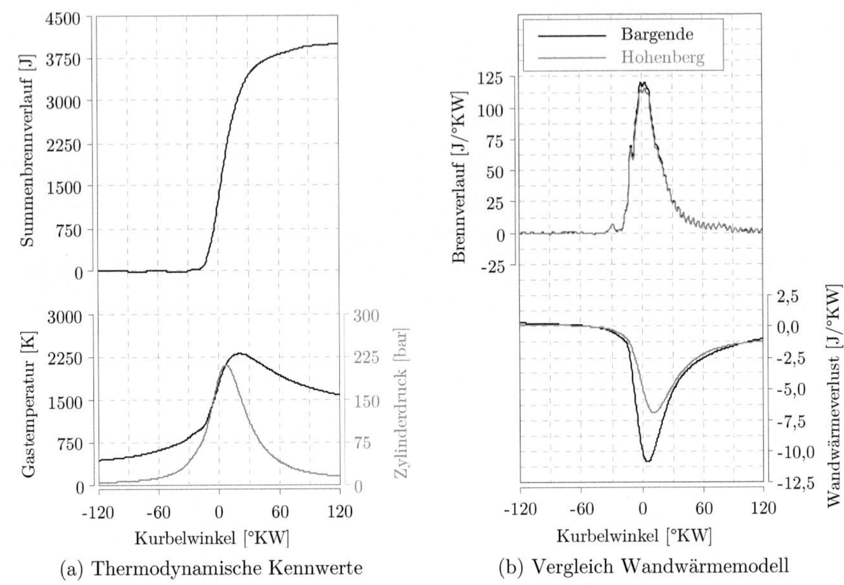

(a) Thermodynamische Kennwerte (b) Vergleich Wandwärmemodell

Abbildung 8.1: Druckverlaufsanalyse des R18 Motors
(4750 1/min; Luftverhältnis 1,18; Ladedruck 2,32 bar abs)

In dieser Gegenüberstellung zeigt sich, dass der Gleichungsansatz nach Bargende als auch der nach Hohenberg plausibel ist und auch in der speziellen Anwendung des R18 Rennmotors zu einem verlässlichen Ergebnis führt. Letztendlich lässt sich aber nicht klar erkennen, welcher der Ansätze im untersuchten Betriebspunkt das genauere Resultat liefert.

8.2 Verlustteilung

Für die Analyse der Effizienz des konventionellen R18 Motors und des R18 Motors mit dem Turbocompound-Verfahren kommt einerseits die Verlustteilung und andererseits die Energie- sowie Exergiebilanz zum Einsatz.

Bei der vergleichenden Verlustanalyse werden, ausgehend von der theoretisch optimalen Prozessführung dem Gleichraumprozess, die Einzelverlustanteile bestimmt. Die Definition der Einzelverluste ist in zahlreichen Veröffentlichungen wiedergegeben, sodass in dieser Arbeit auf [79,108] verwiesen wird.

In **Abbildung 8.2** (a) ist die Verlustteilung des konventionellen R18 Rennmotors für den entsprechend der Druckverlaufsanalyse untersuchten Betriebspunkt dargestellt. Im idealisierten Gleichraumprozess würde sich in dem Betriebspunkt mit den geometrischen Randbedingungen des Motors ein maximaler Wirkungsgrad von ca. 52,2% ergeben. Durch die Berücksichtigung der realen Verbrennung wird dieser Wirkungsgrad um ca. 5,6 Prozentpunkte reduziert. Die Wandwärmeverluste führen beim realen Motor zu einer weiteren Wirkungsgradverschlechterung um 3,4 Prozentpunkte. Der sich somit ergebende Wirkungsgrad ist sowohl für den konventionellen R18 Motor als auch für den R18 Motor mit Turbocompound-Verfahren identisch. Erst unter der Berücksichtigung der Ladungswechselverlust ergibt sich ein Unterschied, **Abbildung 8.2** (b). Während beim konventionellen R18 Motor der Ladungswechsel nahezu wirkungsgradneutral verläuft, ergeben sich beim R18 mit VET deutliche Ladungswechselverluste.

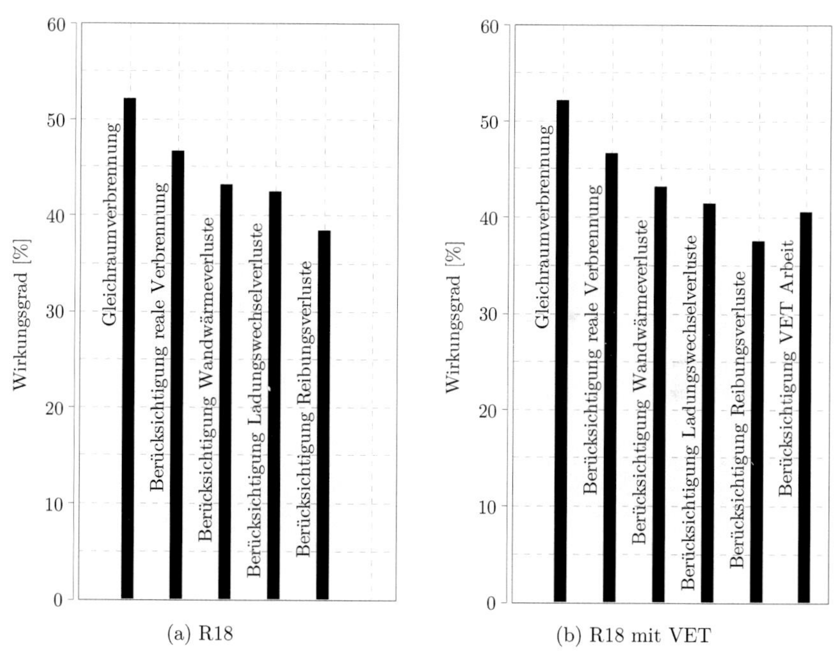

Abbildung 8.2: Verlustteilung
(4750 1/min; Luftverhältnis 1,18; Ladedruck 2,32 bar abs)

Unter Berücksichtigung der Reibungsverluste ergibt sich beim konventionellen R18 Rennmotor in dem ausgewählten Betriebspunkt ein Wirkungsgrad von etwa 38,7%. Im Gegensatz dazu zeigt sich beim R18 Motor mit VET ein reduzierter Wirkungsgrad des Verbrennungsmotors mit 37,3%. Betrachtet man jedoch den Gesamtantrieb mit Turbocompound-Verfahren, so ergibt sich ein gesteigerter Gesamtwirkungsgrad mit einem Wert von 40,3%. Somit wird durch das Turbocompound-Verfahren eine Verbesserung der Kraftstoffnutzung um ca. 1,6 Prozentpunkte im ausgewählten Betriebspunkt ermöglicht. Dabei ist für die elektrisch rekuperierte Leistung die komplette Wirkungsgradkette bis zur Nutzung zum Fahrantrieb berücksichtigt.

8.3 Energiebilanz

Durch den ersten Hauptsatz der Thermodynamik (5.2) lässt sich die Energiebilanz des gesamten Systems aufstellen. Über die Systemgrenzen wird im Wesentlichen Arbeit, Enthalpie und Wärme transportiert. Das Energieflussdiagramm aus **Abbildung 8.3** bilanziert diese Transporte für den konventionellen R18 Motor.

Die in der Abbildung dargestellten Werte sind das Ergebnis einer unter den gegebenen Randbedingungen möglichst genauen messtechnischen Bestimmung der Energien. Für die massengemittelten Temperaturen zur Enthalpiebestimmung im Abgas wurde zusätzlich ein 1-D Simulationsmodell aufgebaut.

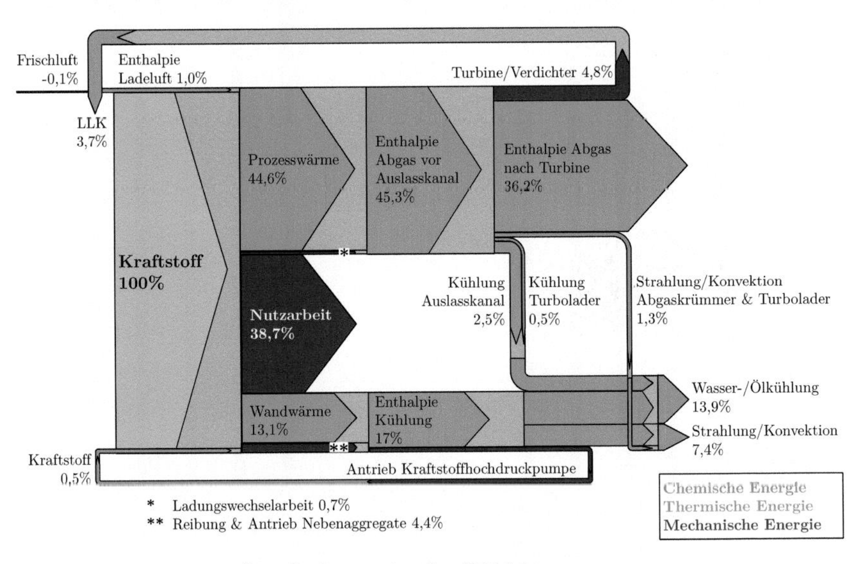

Abbildung 8.3: Energiefluss des konventionellen R18 Motors
(4750 1/min; Luftverhältnis 1,18; Ladedruck 2,32 bar abs)

Im Simulationsmodell sind die in der Messung verwendeten Thermoelemente abgebildet. Anhand der Messung ist so das Simulationsmodell verifiziert und es kann simulativ auf die messtechnisch nicht erfassbare reale Gastemperatur geschlossen werden, vgl. **Tabelle 5.1**. Die Darstellung ist auf die zugeführte Kraftstoffenergie normiert. Zusätzlich zur chemisch gebunden Energie des Kraftstoffs wird die Enthalpie der Ladeluft und des Kraftstoffs der Verbrennung zugeführt. Es zeigt sich, dass die Wandwärmeverluste im dargestellten Hochlastbetriebspunkt im Vergleich zur Nutzarbeit und zur Prozesswärme untergeordnet sind. Interessant ist der hohe Anteil an Energie, der dem Verdichter zugeführt wird. Aufgrund des Ladeluftkühlers wird ein großer Teil dieser zugeführten Energie an die Umgebung abgeführt. Die Krümmer geben trotz ihrer Isolierung ca. 4 kW an die Zylinderköpfe über ihren jeweiligen Flansch ab. Die Werte der Strahlung und Konvektion des Abgaskrümmers stammen aus der Simulation.

Aufgrund der inneren Reibung im Turbolader muss etwas mehr Leistung aufgenommen werden als lediglich zum Antrieb des Verdichters notwendig ist. Da diese Reibleistung über die Ölschmierung als Wärme abgeführt wird, ist sie in der Darstellung in der Öl-/Wasserkühlung beinhaltet.

In **Abbildung 8.4** ist ersichtlich, dass trotz des elektrischen Turbocompound-Verfahrens das Abgas nach der Turbine noch eine sehr hohe Enthalpie enthält. Im dargestellten Betriebspunkt befindet sich diese Energie in der gleichen Größenordnung wie die gesamte Nutzleistung des Verbrennungsmotors.

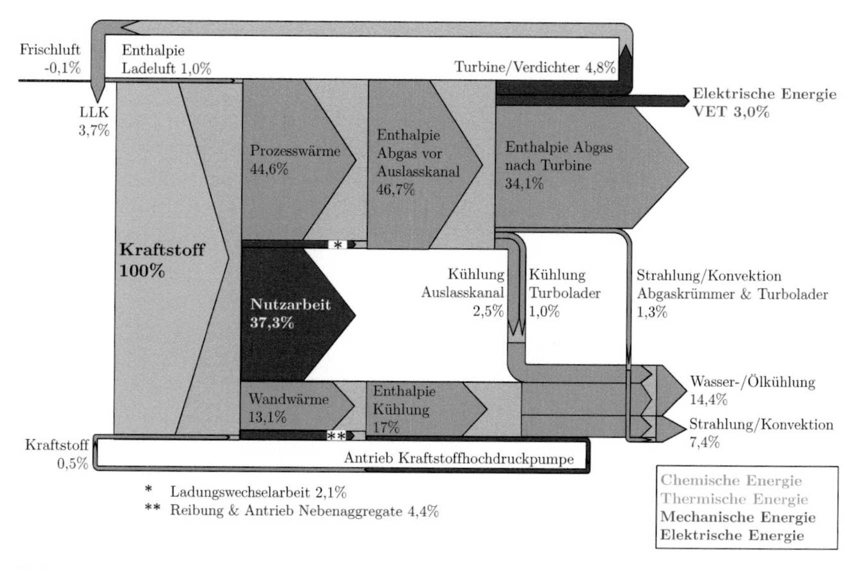

Abbildung 8.4: Energiefluss des R18 Motors mit VET
(4750 1/min; Luftverhältnis 1,18; Ladedruck 2,32 bar abs)

Beim Turbocompound-Verfahren reduziert sich die Nutzarbeit des Verbrennungsmotors im Prozess. In der Gesamtbilanz mit der elektrischen Energie des VET zeigt sich auch hier die Gesamteffizienzsteigerung.

8.4 Exergiebilanz

Durch die Energiebilanz des ersten Hauptsatzes der Thermodynamik ist nur eine rein quantitative Bewertung möglich. Für die aussagekräftige Untersuchung des Gesamtsystems ist somit die Energiebilanz unzureichend. Dies ist dadurch zu begründen, dass die Summe aus Exergie und Anergie nach dem ersten Hauptsatz der Thermodynamik

$$W_{1-0} = U_{1-0} - Q_{1-0} \tag{8.1}$$

konstant bleibt.

Da in Abhängigkeit des Zustands eines Mediums (Temperatur- und Druckniveau) und der Umgebungsbedingungen seine Energie eine unterschiedliche Qualität hat, ist für die Detailanalyse des Gesamtprozesses eine neue Methode notwendig [81]. Um die Qualität der Energie bestimmen zu können, ist der zweite Hauptsatz der Thermodynamik

$$\frac{Q_{1-0}}{T_0} \leq s_{1-0} \tag{8.2}$$

vonnöten. Aus der Definition wird klar, dass die Entropie bei reversiblen Prozessen gleich bleibt und bei irreversiblen Prozessen die Entropie immer zunimmt [79]. Die maximale Nutzarbeit ergibt sich bei einem reversiblen Prozess, sodass Gleichung (8.2) im Gleichgewicht ist. Mit Hilfe des ersten Hauptsatzes der Thermodynamik aus (8.1) lässt sich die maximale Arbeit, die über einen reversiblen Prozess verrichtet werden kann, mit

$$W_{1-0} = U_{1-0} - T_0 s_{1-0} \tag{8.3}$$

bestimmen. Zusätzlich muss die Volumenänderungsarbeit $p_0 V_{1-0}$ der Umgebung berücksichtigt werden, sodass sich die Exergie für das geschlossene thermodynamische System durch

$$Ex = (U_1 - U_0) - T_0(s_1 - s_0) + p_0(V_1 - V_0) \tag{8.4}$$

berechnen lässt [36]. Für das offene thermodynamische System ergibt sich durch Einsetzen von $U = H - pV$ die Exergie zu

$$Ex = (H_1 - H_0) - T_0(s_1 - s_0). \tag{8.5}$$

Entsprechend der Energiebilanz, lässt sich auch eine Exergiebilanz für das Gesamtsystem

$$Ex_{\mathrm{e}} = Ex_{\mathrm{a}} + Ex_{\mathrm{Sys}} + Ex_{\mathrm{Verl}} \tag{8.6}$$

erstellen. Es zeigt sich, dass im Vergleich zur Energiebilanz, bei der Exergiebilanz zusätzlich ein Exergie-Verlustterm eingeführt werden muss. Dieser Verlustterm beschreibt den Anteil der technisch nicht nutzbaren Energie, die sogenannte Anergie. Wie auch für die Energiebilanz wird die Exergie mittels Massenstrom, Wärmetransport und Arbeit über die Systemgrenzen transportiert.

Anhand der Gleichungen lässt sich so das Exergieflussdiagramm aus **Abbildung 8.5** darstellen. Für die tatsächliche chemische Exergie des Kraftstoffs müsste der untere Heizwert des Kraftstoffs mit dem Faktor von ca. 1,0317 multipliziert werden [36]. Dennoch wurde die Darstellung auf den unteren Heizwert normiert, um die Vergleichbarkeit zu der Energiebilanz zu gewährleisten. Über die Interaktion zwischen Messung und Simulation ist auch hier die Bestimmung der Werte der Exergie für die verschiedenen Zustände durchgeführt.

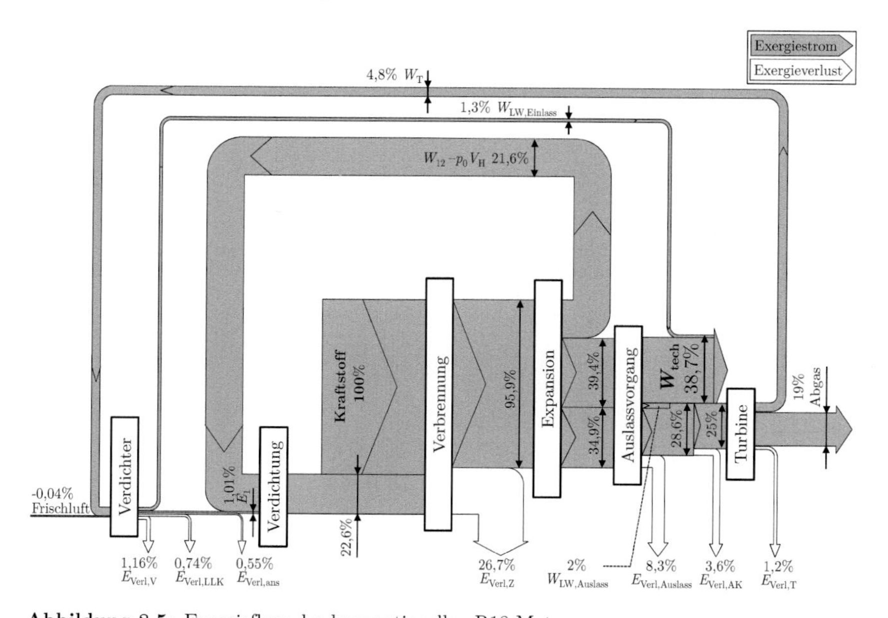

Abbildung 8.5: Exergiefluss des konventionellen R18 Motors
(4750 1/min; Luftverhältnis 1,18; Ladedruck 2,32 bar abs)

Über die Exergiebilanz zeigt sich, dass der Verbrennungsmotor aufgrund des hohen Spitzendrucks und der hohen Spitzentemperatur wenig Anergie erzeugt. Bemerkenswert ist, dass die im Ladeluftkühler abgeführte Energie aufgrund des niedrigen Temperaturniveaus nur einen sehr geringen Exergieverlust im Prozess mit sich bringt.

Betrachtet man den Abgaspfad, so wird deutlich, dass gerade während des Auslassvorgangs und im Abgaskrümmer ein wesentlicher Teil der Exergie verloren geht. Dieser Sachverhalt ist über die reine Energiebilanz nicht ersichtlich. Analysiert man nur die Enthalpie, so ergibt sich auch nach der Turbine noch ein hoher Energieanteil. Über die Bilanzierung der Exergie wird klar, dass nur ein wesentlich geringerer Teil dieser Abgasenergie in technische Nutzarbeit wandelbar ist.

Durch das Turbocompound-Verfahren wird ein Teil der technisch nutzbaren Energie aus dem Abgas in elektrische Energie gewandelt. Vergleicht man die Exergiebilanz des konventionellen R18 Motors aus **Abbildung 8.5** mit der Bilanz des R18 Motors mit dem Turbocompound-Verfahren aus **Abbildung 8.6**, so zeigt sich, dass trotz der elektrischen Rekuperation von 3% die Exergie im Abgas nur um 1,9% reduziert wird.

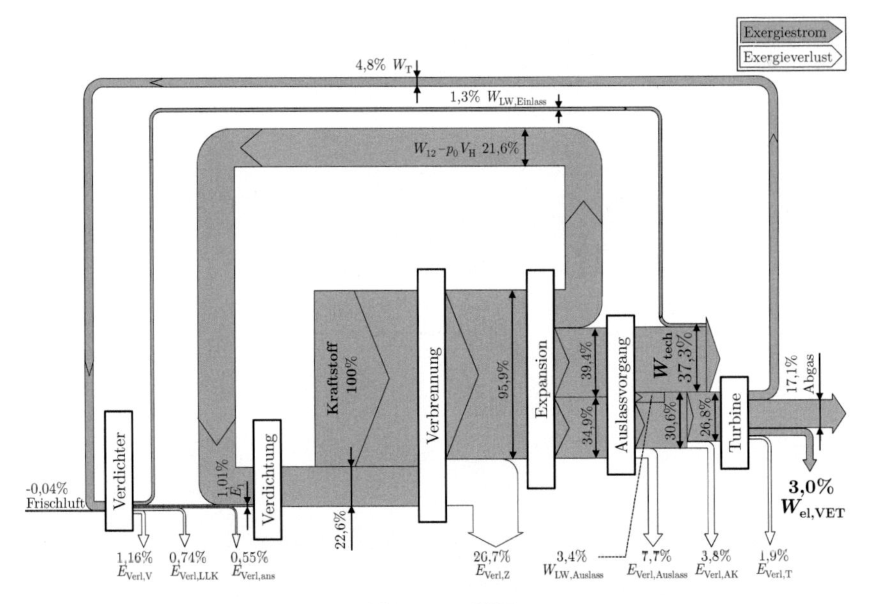

Abbildung 8.6: Exergiefluss des R18 Motors mit VET
(4750 1/min; Luftverhältnis 1,18; Ladedruck 2,32 bar abs)

Hierdurch wird ersichtlich, dass zum einen ein Teil der erhöhten Ladungswechselverluste wieder zurückgewonnen wird und zum anderen eine Reduktion der Verluste beim Auslassvorgang durch das Turbocompound-Verfahren erfolgt.

8.5 Gegenüberstellung der Energie- und Exergiebilanz

Im vorherigen Abschnitt wurde aufgezeigt, dass nur über die Exergiebilanz eine aussagekräftige Beurteilung des Gesamtprozesses möglich ist. In **Tabelle 8.1** erfolgt eine Gegenüberstellung zum Vergleich von Energie und Exergie innerhalb des Turbocompound-Verfahrens. Dabei sind die Werte auf den unteren Heizwert des eingespritzten Kraftstoffs normiert. Für die Nutzarbeit des Verbrennungsmotors, die Turbinenarbeit zum Antrieb des Verdichters und für die elektrische Arbeit, welche durch das Turbocompound-Verfahren erzeugt wird, ergeben sich für Energie und Exergie die gleichen Werte. Die auftretende Prozesswärme nimmt dagegen in der Energiebilanz wesentlich höhere Werte an als in der Exergiebilanz, da sie nicht vollumfänglich technisch nutzbar ist. Hierbei zeigt sich der durch den Ladeluftkühler erzeugte Exergieverlust sehr gering. Es wird deutlich, dass durch die Kühlung der Ladeluft eine hohe Energie aus dem Prozess entnommen wird. Aufgrund des niedrigen Temperaturniveaus dieser Energie ist sie kaum technisch nutzbar. Daraus wird klar, dass die Vorteile im Hochdruckteil des Verbrennungsmotors durch die Ladeluftkühlung überwiegen und insgesamt, trotz Energieentnahme aus dem Prozess, in der Gesamtbilanz ein Wirkungsgradvorteil entsteht.

Tabelle 8.1: Gegenüberstellung von Energie und Exergie beim konventionellen R18 Motor und dem R18 Motor mit Turbocompound-Verfahren *(100% entspricht der zugeführten Kraftstoffenergie)*

	R18 konventionell		R18 mit VET	
	Energie [%]	Exergie [%]	Energie [%]	Exergie [%]
Nutzarbeit Verbrennungsmotor	38,7	38,7	37,3	37,3
Elektrische Arbeit ETC	-	-	3,0	3,0
Antrieb des Verdichters	4,8	4,8	4,8	4,8
Kühlung Ladeluft	3,7	0,74	3,7	0,74
Zustand nach Auslassventile	45,3	28,6	46,7	30,6
Zustand am Turbineneintritt	42,8	25,0	44,2	26,8
Zustand am Turbinenaustritt	36,2	19,0	34,1	17,1

Betrachtet man nur die Energie im Abgas, so befindet sich diese auf einem ähnlichen Niveau wie die Nutzarbeit des Verbrennungsmotors. Technisch nutzbar ist dabei lediglich die Hälfte dieser Energie. Durch die Nutzturbine wird ein wesentlicher Teil dieser Abgasexergie in elektrische Energie gewandelt. Zusätzlich ist es möglich, über nachgeschaltete Systeme weiter Nutzarbeit aus dem Abgas zu ziehen. Für die Serienanwendung kommt hier unter anderem der Clausius-Rankine Prozess oder auch die Thermoelektrik in Frage, vgl. Abschnitt 3.2.

9 Zusammenfassung und Ausblick

In der vorliegenden Arbeit erfolgte zum einen die methodische Entwicklung des Turbocompound-Verfahrens zur Abgasenergierückgewinnung im Rennsport und zum anderen die detaillierte Untersuchung des neu entwickelten variablen elektrischen Turboladers (VET) im Gesamtverbund.

Für die methodische Entwicklung wurden zunächst die Anforderungen im Rennsport, basierend auf dem Audi R18 e-tron quattro des Jahres 2012, analysiert. Hierbei war es erforderlich auf das Reglement und den dynamischen Rennbetrieb detailliert einzugehen. Zur Beschreibung des Stands der Technik wurden die Entwicklungen zur Effizienzsteigerung des Antriebs der letzten Jahre vorgestellt. Durch die Hybridisierung des Antriebsstranges ergeben sich neue Ansätze zur weiteren Elektrifizierung der Komponenten im Antriebssystem. Gerade die Abgasenergierückgewinnung ist eine vielversprechende Möglichkeit zur weiteren Effizienzsteigerung. Da zum Zeitpunkt der Erstellung der Arbeit im Rennsport lediglich die Bremsenergierückgewinnung genutzt wurde, sind verschiedene Konzepte anhand der Veröffentlichungen für Abgasenergierückgewinnung von Serienfahrzeugen und stationären Analgen aufgezeigt. Für die Evaluation der möglichen Konzepte wurden die spezifischen Bewertungskriterien für den Einsatz in der Rennsportanwendung definiert. Dabei zeigt sich unter anderem der Gesamtwirkungsgrad der Wärmenutzung von besonderer Bedeutung. Da sich dieser Wert auf die messtechnisch nur ungenau ermittelbare Abgasenthalpie bezieht, wurde eine neue Methode zur exakten Bestimmung der hochdynamisch auftretenden Abgasenthalpie erarbeitet. Darauf basierend wurde

- der thermoelektrische Generator,
- der Clausius-Rankine Prozess,
- der Joule-Brayton Prozess und
- das elektrische Turbocompound-Verfahren

evaluiert. Es zeigt sich, dass unter den spezifischen Randbedingungen des untersuchten Antriebskonzepts das elektrische Turbocompound-Verfahren die größten Potentiale aufweist. Zur detaillierten Betrachtung der Interaktion zwischen dem elektrischen Turbolader und dem Verbrennungsmotor wurde ein umfangreiches Simulationsmodell aufgebaut. Für dessen Modellbildung erfolgte zunächst eine Vorstellung der notwendigen theoretischen Grundlagen. In der Untersuchung ergab sich die direkte Kopplung der elektrischen Maschine mit dem Turbolader als besonders vorteilhaft, da zum einen elektrische Energie aus der Abgasexergie gewandelt werden kann und zum anderen die Möglichkeit besteht den Turbolader zum verbesserten Ladedruckaufbau elektrisch zu unterstützen.

Über die durchgeführte Gesamtsimulation konnten die Sensitivitäten erarbeitet und erste Kenngrößen zur Optimierung eingeführt werden. Gerade der neu definierte Ausschiebegrad liefert einen guten Zusammenhang zwischen der Abgasgegendruckerhöhung durch das Turbocompound-Verfahren und den entstehenden Ladungswechselverlusten.

Für die konstruktive Umsetzung ist die integrierte elektrische Maschine zwischen dem Verdichter und der Turbine aufgrund der Reglementsituation, dem Bauraum und der Anzahl der notwendigen Lagerstellen zu bevorzugen. Durch die direkte Kopplung der elektrischen Maschine mit dem Turbolader musste eine neuartige Hochdrehzahl-Motor-/Generatoreinheit entwickelt werden. Hierbei konnte durch eine permanenterregte Synchronmaschine eine Leistung von 50 kW bei einer Maximaldrehzahl von 130000 1/min erreicht werden. Im zweiten Teil der Arbeit erfolgte die Untersuchung der realen Komponenten. Im ersten Schritt wurde der neu entwickelte elektrische variable Turbolader am Heißgasprüfstand in Betrieb genommen. Hierbei konnte unabhängig vom Verbrennungsmotor eine erste Optimierung vorgenommen werden. Anschließend erfolgte in Verbindung mit dem Verbrennungsmotor die detaillierte Untersuchung. Dabei wurden sowohl die Einflüsse der Rekuperation als auch die elektrische Unterstützung analysiert. Die gemessenen Ergebnisse zeigen eine sehr gute Übereinstimmung mit der Simulation.

Über die differenzierte Ergebnisdarstellung wurde zur Verdeutlichung der Funktionsweise sowie der Einflüsse des Turbocompound-Verfahrens eine detaillierte thermodynamische Analyse des Gesamtantriebs durchgeführt. Anhand der Energiefluss-Darstellung lassen sich grundlegende Zusammenhänge erklären. Letztendlich ist aber die Exergiefluss-Darstellung für eine aussagekräftige Beurteilung eines Gesamtprozesses unverzichtbar. Nur durch diese Analyse ist es möglich, die vermeidbaren Verluste zu erkennen als auch die Grenzen der maximal erreichbaren Wirkungsgradverbesserungen zu verstehen. Gerade der Auslassvorgang bietet beim Hubkolbenmotor aufgrund seines durch die Verdichtung begrenzten Expansionsverhältnisses weiteres Optimierungspotential.

Im Rahmen der Arbeit ergibt sich die Empfehlung für die Umsetzung des Turbocompound-Verfahrens mit einer direkten Kopplung der elektrischen Maschine mit dem Turbolader zur weiteren Effizienzsteigerung durch Abgasenergierekuperation und zur elektrischen Unterstützung des Ladedruckaufbaus. Eine der größten Herausforderungen ist hierbei die hohe Drehzahl der mit dem Abgasturbolader direkt gekoppelten elektrischen Maschine. Gerade die rotordynamische Auslegung sowie der sichere Betrieb auch unter der hohen Belastung im Rennbetrieb zeigen sich als besonders anspruchsvoll. Trotz dieser Einschränkungen konnte der erforderliche 36 Stunden Dauerlauf des Gesamtsystems mehrmalig am Prüfstand erfolgreich beendet werden. Die erste Erprobung im Fahrzeug fand im Juli 2013 auf dem Autodromo Internationale del Mugello statt. Im Anschluss daran erfolgte eine ausgiebige Untersuchung auf weiteren Rennstrecken. Letztendlich obliegt es dem Veranstalter, in welchem Maße er die Nutzung von Abgasenergie im Langstreckenrennsport für die jeweiligen Motorkonzepte fördert, sodass die Komplexität und das damit verbundene Risiko des Einsatzes eines Abgasenergierückgewinnungssystems von den Wettbewerbern getragen wird.

Die im Verlauf der Untersuchungen gewonnenen Erkenntnisse über die elektrische Unterstützung des Turboladers und das dabei erreichte verbesserte dynamische Ansprechverhalten sind Wegbereiter für künftige Aufladekonzepte von Serienfahrzeugen.

Neben der Möglichkeit den entwickelten elektrischen variablen Turbolader zur Effizienzsteigerung und zur Unterstützung des Ladedruckaufbaus zu verwenden, zeigte sich bei der Untersuchung eine hervorragende Eigenschaft der Komponente zur verbesserten Verdichter- und Turbinenkennfeldbestimmung. Über die Aufprägung einer definierten elektrischen Last bietet sich die Möglichkeit

- der direkten Bestimmung des Turbinenwirkungsgrades,
- der Ermittlung erweiterter Kennfeldbereiche der Turbine,
- der Vermessung des Wirkungsgrades der gesamten Aufladegruppe direkt auf dem Verbrennungsmotor und
- der Untersuchung instationärer Phänomene im Verdichter.

Hierdurch bilden die im Rahmen der Arbeit entstanden Erkenntnisse neben der Effizienzsteigerung im Rennsport zusätzlich den Ausgangspunkt für weitere wissenschaftliche Untersuchungen, mit dem Ziel auftretende Zusammenhänge vertieft zu verstehen, um Antriebe in der Zukunft noch effizienter zu gestalten.

10 Literaturverzeichnis

[1] Allpar: (2013, Dezember) The Chrysler Patriot: Turbine-Powered Hybrid Racing Car — Future of Formula 1 Racing. [Online]. http://www.allpar.com/model/patriot.html

[2] ALTENKIRCH, E.: Über den Nutzeffekt der Thermosäule. *Physikalische Zeitschrift*, 1909.

[3] ARMBRUSTER, D. und S. Hennings: Porsche GT3 R Hybrid. Technologieträger und rollendes Labor. *Motortechnische Zeitschrift*, vol. 72, no. 5, 2011.

[4] Audi AG: (2012, November) Internetpräsenz Audi AG. [Online]. http://www.audi.com/com/brand/en/audi_sport/wec/audi_r18_tdi_audi/audi_r18_etron.html

[5] AUERBACH, M., M. Ruf, M. Bargende, H.-C. Reuss und I. Kutschera: Potentials of phlegmatization in diesel hybrid electric vehicles. *SAE Technical Paper*, no. 2011-37-0018, 2011.

[6] BAEHR, H.-D. und S. Kabelac: *Thermodynamik*. Berlin Heidelberg: Springer, 2012.

[7] BARBA, C.: *Erarbeitung von Verbrennungskennwerten aus Indizierdaten zur verbesserten Prognose und rechnerischen Simulation des Verbrennungsablaufes bei PKW-DE-Dieselmotoren mit Common-Rail-Einspritzung*. Eidgenössische Technische Hochschule Zürich: Dissertation, 1991.

[8] BARETZKY, U.: The Development of the Audi 3.6-litre V8 Twin Turbo FSI Engine for Le Mans. *AutoTechnology*, 2002.

[9] BARETZKY, U., T. Andor, H. Diel und W. Ullrich: The Direct Injection System of the 2001 Audi Turbo V8 Le Mans Engines. *SAE Technical Paper*, no. 2002-01-3357, 2002.

[10] BARETZKY, U. et al.: Der 3,7 l V6 TDI für die 24h von Le Mans - Sieg einer neuen Idee. In *34. Internationales Wiener Motorensymposium*, 2013.

[11] BARGENDE, M.: *Ein Gleichungsansatz zur Berechnung der instationären Wandwärmeverluste im Hochdruckteil von Ottomotoren*. Technische Hochschule Darmstadt: Dissertation, 1990.

[12] BARTHOLMÉ, K. et al.: Thermoelectric Modules Based on Half-Heusler Materials Produced in Lager Quantities. *Journal of Electronic Materials*, 2013.

[13] BECKLEY, P.: *Electrical Steels for rotating machines.* London: Institution of Electrical Engineers, 2002.

[14] BERGBAUER, F.: *Untersuchung von Turbo-Compound-Systemen von Diesel- und Ottomotoren.* Frankfurt am Main: Forschungsvereinigung Verbrennungsmotoren, Abschlussbericht 372, 1988.

[15] BERNDT, R.: *Einfluss eines diabaten Turboladermodells auf die Gesamtprozess-Simulation abgasturboaufgeladener PKW-Dieselmotoren.* Technische Universität Berlin: Dissertation, 2009.

[16] BERNER, H.-J-, M. Chiodi und M. Bargende: Berücksichtigung der Kalorik des Kraftstoffes Erdgas in der Prozessrechnung. In *Der Arbeitsprozess des Verbrennungsmotors*, Graz, 2003.

[17] BISCHOFF, M., C. Eiglmeier, T. Werner und S. Zülch: Der Neue 3,0-l-TDI-Biturbomotor von Audi Teil 2: Thermodynamik und Applikation. *MTZ-Motortechnische Zeitschrift*, vol. 73, no. 2, 2012.

[18] BRÄUNLING, W.: *Flugzeugtriebwerke: Grundlagen, Aero-Thermodynamik, ideale und reale Kreisprozesse, Thermische Turbomaschinen; Komponenten, Emissionen und Systeme.* Berlin Heidelberg: Springer, 2009.

[19] BÜCHI, A.: Kohlenwasserstoff-Kraftanlage. Patent 35259, 1905.

[20] CASEY, M.: *Grundlagen der Thermischen Strömungsmaschinen.* Universität Stuttgart: Vorlesungsunterlagen, Sommersemester 2009.

[21] CHATTERTON, E.-E.: Compound Diesel Engine for Aircraft. *Royal Aeronautical Society*, vol. 58, 1954.

[22] CLAPEYRON, E.: Mémoire sur la puissance motrice de la chaleur. *Journal de l'École Polytechnique*, 1834.

[23] COLLINS, S.: The KERS of Le Mans. *Racecar Engineering*, vol. 19, no. 7, 2009.

[24] COMANESCU, M.: Design and analysis of a sensorless sliding mode flux observer for induction motor drives. In *Electric Machines and Drives Conference (IEMDC), IEEE International*, Niagara Falls, Ontario, 2011.

[25] CONRAD, K.-J.: *Grundlagen der Konstruktionslehre.* München: Hanser, 2010.

[26] COXON, J.: Return of the Hybrid. *Race Tech Magazine*, 2012.

[27] CRANE, D. und G. Holloway, D. Jackson: Towards Optimization of Automotive Waste Heat Recovery Using Thermoelectrics. *SAE Technical Paper*, no. 2001-01-1021, 2001.

[28] CURTISS-WRIGHT, Corporation: *Facts about the Wright Turbo Compound.* New Jersey, U.S.A: Wood-Ridge, 1956.

[29] DAWIDZIAK, J., M. Fessler und T. Reuss: Antrieb mit einer Brennkraftmaschine und einer Expansionsmaschine mit Gasrückführung. Patent DE102010056238A1, 2012.

[30] DAWIDZIAK, J., M. Schiefer und S. Clement: Hybridfahrzeug. Patent DE102011115281A1, 2013.

[31] DE JAEGHER, P.: *Einfluss der Stoffeigenschaften der Verbrennungsgase auf die Motorprozessrechnung.* Technische Universität Graz: Dissertation, 1984.

[32] DELORENZO, M.: *Modern Chrysler concept cars: The designs that saved the company.*: MBI Publishing Company, 2000.

[33] DEVOTTA, S. und F. A. Holland: Comparison of theoretical Rankine power cycle performance data for 24 working fluids. *Journal of heat recovery systems*, 1985.

[34] EILEMANN, A., R. Müller und T. Strauß: Enthalpy storage concept for CO2 reduction. In *13. Stuttgarter Symposium*, Stuttgart, 2013.

[35] Fédération Internationale de l'Automobile: (2013, November) FIA Technisches Reglement für Protoypen 2012. [Online]. http://private.fia.com/web/fia-public.nsf/A92E5D5FA619DA39C12579BF005B 8574/$FILE/LMP%20(12-13)-(12.03.2012).pdf

[36] FLYNN, P., K. Hoag, M. Kamel und R. Primus: A New Perspective on Diesel Engine Evaluation Based on Second Law Analysis. *SAE Technical Paper*, no. 840032, 1984.

[37] GARGIES, S. et al.: *Evaluation of Saft Ultra High Power Lithium Ion Cells (VL5U).*: Army Research Laboratory, 2009.

[38] GIBBS, W. J.: *On the equilibrium of heterogeneous substances.*: Connecticut Academy of Arts and Sciences, 1877.

[39] GJIKA, K., L. San Andrés und G. D. Larue: Nonlinear Dynamic Behavior of Turbocharger Rotor-Bearing Systems With Hydrodynamic Oil Film and Squeeze Film Damper in Series: Prediction and Experiment. *Journal of Computational and Nonlinear Dynamics*, 2010.

[40] GOUPIL, C.: *Thermodynamics of Thermoelectricity.*: InTech, 2011.

[41] Green Car Congress: (2014, Januar) Toyota Hybrid Race Car Wins Tokachi 24-Hour Race; In-Wheel Motors and Supercapacitors. [Online]. http://www.greencarcongress.com/2007/07/toyota-hybrid-r.html

[42] GRIGORIADIS, P.: *Experimentelle Erfassung und Simulation instationärer Verdicherphänomene bei Turboladern von Fahrzeugmotoren.* Technischer Universität Berlin: Dissertation, 2008.

[43] GRILL, M.: *Entwicklung eines allgemeingültigen, thermodynamischen Zylindermoduls für alle bekannten Brennverfahren.* Frankfurt am Main: Forschungsvereinigung Verbrennungskraftmaschinen, Abschlussbericht 869, 2008, vol. 869.

[44] GRILL, M.: *Objektorientierte Prozessrechnung von Verbrennungsmotoren.* Universität Stuttgart: Dissertation, 2006.

[45] GRILL, M., M. Bargende, A. Schmid und D. Rether: Quasidimensional and Empirical Modeling of Compression-Ignition Engine Combustion and Emissions. *SAE Technical Paper*, no. 2010-01-0151, 2010.

[46] HACKL, B., L. Magerl und P. Hofmann: *Restwärmenutzung durch intelligente Speicher- und Verteilungssysteme.* Frankfurt am Main: Forschungsvereinigung Verbrennungskraftmaschinen, Abschlussbericht 1007, 2010.

[47] HANNUM, W. R. und R. H. Zimmerman: Calculations of economy of 18-cylinder radial aircraft engine with exhaust-gas turbine geared to the crankshaft. *Annual Report of the National Advisory Committee for Aeronautics*, no. REPORT No. 822, 1944.

[48] HEPKE, G.: *Direkte Nutzung von Abgasenthalpie zur Effizienzsteigerung von Kraftfahrzeugen.* Technische Universität München: Dissertation, 2010.

[49] HOFMANN, P.: *Hybridfahrzeuge.* Wien: Springer, 2010.

[50] HOHENBERG, G.: *Experimentelle Erfassung der Wandwärme in Kolbenmotoren.* Technische Universität Graz: Habilitationsschrift, 1980.

[51] HOHLBAUM, B.: *Beitrag zur rechnerischen Untersuchung der Stickstoffoxid-Bildung schnelllaufender Hochleistungsdieselmotoren.* Universität Karlsruhe: Dissertation, 1992.

[52] HOLMES, G. D. und T. A. Lipo: *Pulse width modulation for power converters: principles and practice*: Wiley-IEEE Press, 2003.

[53] HUBER, K.: *Der Wärmeübergang schnelllaufender, direkteinspritzender Dieselmotoren*. Technische Universität München: Dissertation, 1990.

[54] IEC 60034: Rotating electrical machines. International Electrotechnical Commission, 2004.

[55] IEC 60364: Electrical installations of buildings. International Electrotechnical Commission, 2012.

[56] J1826: Turbocharger Gas Stand Test Code. SAE, 1995.

[57] JÄNSCH, D., M. Laudien und J. Kitte: Thermoelektrische Abwärmenutzung in Kraftfahrzeugen. In *Der Antrieb von Morgen*, Wolfsburg, 2009.

[58] JUNIOR, C.: *Analyse thermoelektrischer Module und Gesamtsysteme*. Technische Universität Braunschweig: Dissertation, 2010.

[59] JUSTI, E.: *Spezifische Wärme, Enthalpie, Entropie und Dissoziation technischer Gase*. Berlin: Julius Springer, 1938.

[60] KADUNIC, S., P. Kipke und B. Wiedemann: Potential of exhaust energy use for charge air cooling in supercharged diesel engines. *SAE Technical Paper*, no. 2010-36-0478, 2010.

[61] KADUNIC, S., F. Scherer, R. Baar und T. Zegenhagen: Ladeluftkühlung mittels Abgasenergienutzung zur Wirkungsgradsteigerung von Ottomotoren. *Motortechnische Zeitschrift*, vol. 75, no. 1, 2014.

[62] KADUNIC, S. und T. Zegenhagen: *Nutzung der Abgasrestwärme mittels eine Dampfstrahlkälteanalge mit variabler Düsengeometrie zur Ladeluftkühlung unter die Umgebungstemperatur mit dem Ziel der Wirkungsgradsteigerung bei aufgeladenen Verbrennungsmotoren.*: Forschungsvereinigung Verbrennungsmotoren, Abschlussbericht 1026, 2013.

[63] KÖRNER, E. J.-, T. Kobs, M. Bargende und H.-J. Berner: Waste heat recovery: Low-temperature heat recovery using the Organic-Rankine-Cycle. In *13. Stuttgarter Symposium*, 2013.

[64] KOTAUSCHEK, W., H. Diel, U. Baretzky und W. Ullrich: Der Audi V8 FSI® Biturbo Motor für das 24-Stunden-Rennen in Le Mans. In *24. Internationales Wiener Motorensymposium*, Wien, 2003.

[65] KREMPELSAUER, E.: Battery technology today. *Elektor Electronics*, 2000.

[66] KUNZE, K., S. Wolff, I. Lade und J. Tonhauser: A Systematic Analysis of CO2-Reduction by an Optimized Heat Supply During Vehicle Warm-Up. *SAE Technical Paper*, no. 2006-01-1450, 2006.

[67] LUTZ, R., P. Geskes, E. Pantow und J. Eitel: Nutzung der Abgasenergie von Nutzfahrzeugen mit dem Rankine-Prozess. *Motortechnische Zeitschrift*, vol. 73, no. 10, 2012.

[68] Magneti Marelli S.p.A.: (2014, Februar) KERS (Kinetic Energy Recovery System). [Online]. http://www.magnetimarelli.com/excellence/technological-excellences/kers

[69] MAUCH, W., T. Mezger und T. Staudacher: Anforderungen an elektrische Energiespeicher - Stationärer und mobiler Einsatz. In *Elektrischer Energiespeicher*. Düsseldorf: VDI Wissensforum, 2009.

[70] MERKER, G.-P. und C. Schwarz: *Grundlagen Verbrennungsmotoren: Simulation der Gemischbildung, Verbrennung, Schadstoffbildung und Aufladung*. Wiesbaden: Vieweg Teubner, 2009.

[71] MERKER, G.-P., C. Schwarz, G. Stiesch und F. Otto: *Verbrennungsmotoren: Simulation der Verbrennung und Schadstoffbildung*. Wiesbaden: B. G. Teubner Verlag, 2006.

[72] MERKER, G.-P., C. Schwarz und R. Teichmann: *Grundlagen Verbrennungsmotoren: Funktionsweise, Simulation, Messtechnik*. Wiesbaden: Vieweg Teubner Verlag, 2012.

[73] MICHEL, M.: *Leistungselektronik - Einführung in Schaltungen und deren Verhalten*. Heidelberg: Springer, 2011.

[74] MOLLENHAUER, K. und H. Tschöke: *Handbuch Dieselmotoren*. Berlin Heidelberg: Springer, 2007.

[75] MÜLLER, H. und H. Bertling: *Programmierte Auswertung von Druckverläufen in Ottomotoren.*: VDI-Verlag, 1971.

[76] ODENDALL, B.: Fehlerbetrachtung bei der Messung von Gastemperaturen. *Motortechnische Zeitschrift*, vol. 64, no. 3, 2003.

[77] PICKERING, C.: The Great Hybrid Hope. *Racetech Magazine*, 2011.

[78] PINKERNELL, D. und M. Bargende: Belastung von Motorbauteilen. In *Handbuch Dieselmotoren*. Berlin Heidelberg: Springer , 2007.

[79] PISCHINGER, R., M. Klell und T. Sams: *Thermodynamik der Verbrennungskraftmaschine*. Wien New York: Springer, 2009.

[80] PRESSER, V.: Doppelschichtkondensatoren mit höherem Energieinhalt. *ATZelektronik*, vol. 8, no. 3, 2013.

[81] PRIMUS, J. R.: A Second Law Approach to Exhaust System Optimization., no. 840033, 1984.

[82] PUCHER, H.: Ladungswechsel und Aufladung. In *Handbuch Dieselmotoren*. Berlin Heidelberg: Springer, 2007.

[83] RETHER, D.: *Modell zur Vorhersage der Brennrate bei homogener und teilhomogener Dieselverbrennung*. Universität Stuttgart: Dissertation, 2012.

[84] RETHER, D., A. Schmid, M. Grill und M. Bargende: Quasi-Dimensional Modeling of CI-Combustion with Mulitple Pilot and Post Injections. *SAE Technical Paper*, no. 2010-01-0150, 2010.

[85] REUTER, S.: *Erweiterung des Turbinenkennfeldes von Pkw-Abgasturboladern durch Impulsbeaufschlagung*. Technische Universität Dresden: Dissertation, 2010.

[86] REUTER, S., A. Kaufmann und A. Koch: Messverfahren für Abgasturbolader mit pulsierendem Heißgas. *Motortechnische Zeitschrift*, vol. 72, no. 4, 2011.

[87] RINGLER, J., M. Seifert, V. Guyotot und W. Hübner: Rankine cycle for waste heat recovery of IC engines. *SAE Technical Paper*, no. 2009-01-0174, 2009.

[88] ROTH, H. und U. Wagner: Energiespeicher für Fahrzeuge mit Elektroantrieb. In *1. Automobiltechnisches Kolloquium*, München, 2009.

[89] SAMMONS, H. und E. Chatterton: Napier Nomad Aircraft Diesel Engine. *SAE Technical Paper*, no. 550239, 1955.

[90] SCHNEIDER, W. und S. Haas: *Repetitorium Thermodynamik*. München: Oldenbourg, 1996.

[91] SCHORN, N. et al.: Turbocharger Turbines in Engine Cycle Simulation. In *13. Aufladetechnische Konferenz*, Dresden, 2008.

[92] SCHWARZ, F., U. Spicher, U. Köhler und M. Bargende: Ein Modell zur schnellen Vorausberechnung der internen Restgasmasse. In *5. Internationales Stuttgarter Symposium*, 2003.

[93] SEEBECK, T. J.: *Ueber den Magnetismus der galvanischen Kette*. Berlin: Königliche Akademie der Wissenschaft, 1822.

[94] SON, S. und A.-E. Kolasa: Estimating Actual Exhaust Gas Temperature from Raw Thermocouple Measurements Acquired During Transient and Steady State Engine Dynamometer Tests. *SAE Technical Paper*, no. 2007-01-0335, 2007.

[95] STEINBERG, P.: *Wärmemanagement des Kraftfahrzeugs VI*, U. Brill, Ed. Essen: Expert, 2008.

[96] TEMATEC: (2013, Dezember) Ansprechzeiten von Mantel-Thermoelementen. [Online]. http://www.tematec.de/data/MTE_de.pdf

[97] TRAUPEL, W.: *Die Grundlagen der Thermodynamik.* Karlsruhe: G. Braun, 1971.

[98] TRAUPEL, W.: *Thermische Turbomaschinen: Erster Band.* Berlin: Springer, 2001.

[99] VDI 2221: Methodik zum Entwickeln und Konstruieren technischer Systeme und Produkte. 1993.

[100] VDI 2222: Erstellung und Anwendung von Konstruktionskatalogen. 1982.

[101] VDI 2222: Methodisches Entwickeln von Lösungsprinzipien, Blatt1. 1997.

[102] VIBE, I. I.: *Brennverlauf und Kreisprozess von Verbrennungsmotoren.* Berlin: Verlag Technik, 1970.

[103] VOLA GERA, L., G. Botto, L. Suarez Cabrera und M. Chiaberge: Sensorless Control Design for High-speed PMSM Automotive Application. In *17th International Symposium on Power Electronics*, Novi Sad (Serbien), 2013.

[104] VÖLKL, T.: *Erweiterte quasistatische Simulation zur Bestimmmung des Einflusses transienten Fahrzeugverhaltens auf die Rundenzeit von Rennfahrzeugen.* Technische Universität Darmstadt: Dissertation, 2013.

[105] WALLACE, F.J.: Vergleich des Gleichdruck und Stoßaufladeverfahrens bei der Abgasturboaufladung von Dieselmotoren mit hohem Aufladedruck. *Motortechnische Zeitschrift*, vol. 25, no. 5, 1964.

[106] WALTHER, U., H. Zellbeck und T. Roß: Supplementäre Verfahren zur Beschreibung der Thermodynamik von Abgasturboladern. In *18. Aufladetechnische Konferenz*, Dresden, 2013.

[107] WARNATZ, J., U. Maas und R.W. Dibble: *Verbrennung: Physikalisch-Chemische Grundlagen; Modellbildung, Schadstoffentstehung.* Berlin Heidelberg: Springer, 2001.

[108] WEBERBAUER, F., M. Rauscher, A. Kulzer, M. Knopf und M. Bargende: Allgemein gültige Verlustteilung für neue Brennverfahren. *Motortechnische Zeitschrift*, vol. 66, no. 2, 2005.

[109] WHITE, M. F.: *Viscous Fluid Flow.* New York: McGraw-Hill, Inc., 1991.

[110] WITT, A.: *Analyse der thermodynamischen Verluste eines Ottomotors unter den Randbedingungen variabler Steuerzeiten.* Technische Universität Graz: Dissertation, 1999.

[111] WOSCHNI, G.: Die Berechnung der Wandverluste und der thermischen Belastung der Bauteile von Dieselmotoren. *Motortechnische Zeitschrift*, vol. 31, no. 12, 1970.

[112] YANG, J. und F. R. Stabler: Automotive Applications of Thermoelectric Materials. *Journal of Electronic Materials*, 2009.

[113] ZACHARIAS, F.: *Analytische Darstellung der thermischen Eigenschaften von Verbrennungsgasen.* Technische Universität Berlin: Dissertation, 1966.

[114] ZAPF, H.: Beitrag zur Untersuchung des Wärmeübergangs während des Ladungswechsels im Viertakt-Dieselmotor. *Motortechnische Zeitschrift*, vol. 30, no. 12, 1969.

[115] ZINNER, K. und H. Pucher: *Aufladung von Verbrennungsmotoren.* Berlin Heidelberg: Springer, 2012.

[116] Zytek: (2014, Januar) Zytek Motorsport. [Online]. http://www.zytekmotorsport.co.uk/zytek/wp-content/themes/zytek/pdfs/zytek_q10_overview.pdf

11 Anhang

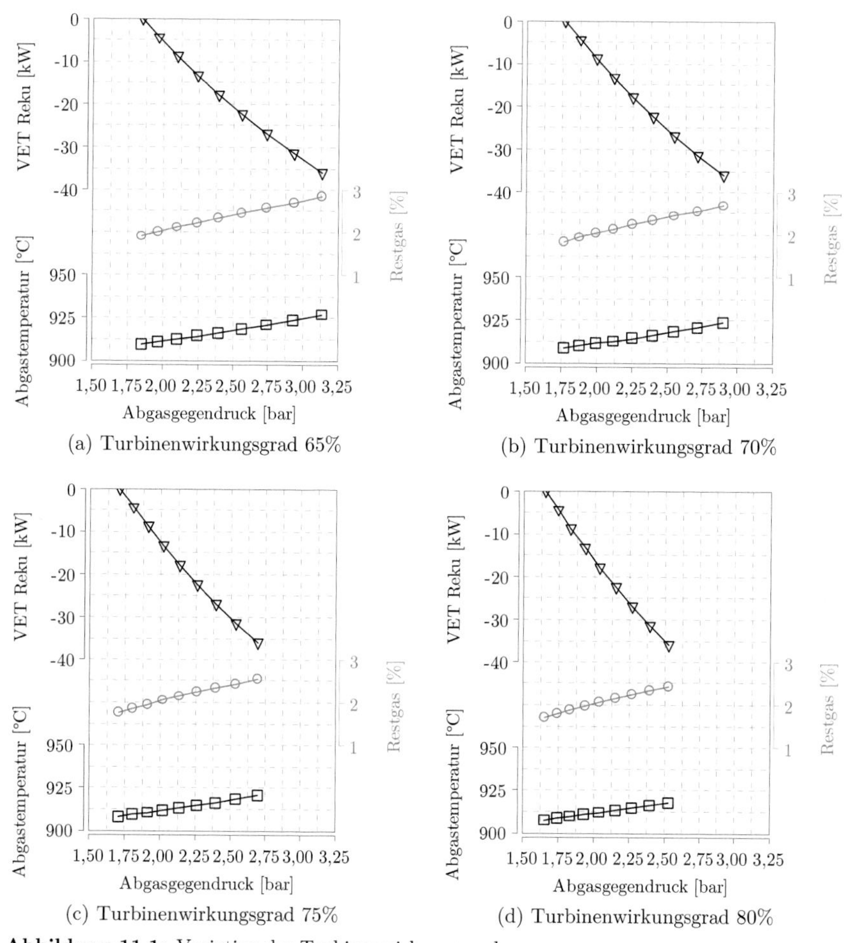

(a) Turbinenwirkungsgrad 65%

(b) Turbinenwirkungsgrad 70%

(c) Turbinenwirkungsgrad 75%

(d) Turbinenwirkungsgrad 80%

Abbildung 11.1: Variation des Turbinenwirkungsgrades *(Simulation; Motordrehzahl 4750 1/min; Turboladerdrehzahl 95000 1/min; Luftverhältnis 1,08; elektrischer Wirkungsgrad 90%)*

Tabelle 11.1: Übersicht der Messstellen für VET-Medienversorgung, Luft- und Abgasstrecke, Kraftstoffversorgung, Druckindizierung sowie elektrische Größen des HV-Systems

Kurzname	Bezeichnung	Einheit
	Kühlwasserversorgung VET HV-Komponenten	
TKWnLEet	Temp. Kühlwasser nach LE VET-KK	°C
TKWnVET	Temp. Kühlwasser nach VET	°C
TKWvATL	Kühlmitteltemp. Eintritt ATL	°C
TKWvLEet	Temp. Kühlwasser vor LE VET-KK	°C
TKWvVET	Temp. Kühlwasser vor VET	°C
TKWvWTet	Temp. Kühlwasser vor WT VET-KK	°C
PKWnLEet	Wasserdruck nach LE VET-KK	mbar
PKWnVET	Wasserdruck nach VET	mbar
PKWnWTet	Wasserdruck nach WT VET-KK	mbar
PKWvLEet	Wasserdruck nach LE VET-KK	mbar
PKWvVET	Wasserdruck vor VET	mbar
PKWvWTet	Wasserdruck vor WT VET-KK	mbar
VsKw_VET	Volumenstrom Kühlwasser VET-KK	l/min
	Kühlwasserversorgung für VTG Kühlung	
TKWvATL	Kühlmitteltemp. Eintritt ATL	°C
TKWnATL	Kühlmitteltemp. Austritt ATL	°C
PKWvATL	Druck Kühlwasser vor ATL	mbar
PKWnATL	Druck Kühlwasser nach ATL	mbar
VsKw_ATL	Kühlmittelvolumenstrom ATL	l/min
	Ölversorgung VET	
POELvATL	Öldruck vor ATL	mbar
POELnATLV	Öldruck nach ATL verdichterseitig	mbar
POELnATLT	Öldruck nach ATL turbinenseitig	mbar
TOELATLE	Öltemperatur Eintr. Turbolader	°C

TOELVERA	Öltemperatur Austr. Verdichter	°C
TOELTURA	Öltemperatur Austr. Turbine	°C
VsmoeAtl	Volumenstrom Öl ATL	l/min
VLSpuel	Volumenstrom Spülgas	l/min
	Luftstrecke	
TRAUM	Umgebungslufttemperatur	°C
TANS	Lufttemperatur Motoreintritt	°C
TALVERV	Lufttemperatur vor Verdichter	°C
TALVERN	Lufttemperatur nach Verdichter Bank 1	°C
TALVERN2	Lufttemperatur nach Verdichter Bank 2	°C
TALLLKV	Lufttemperatur vor LLK Bank 1	°C
TALLLKV2	Lufttemperatur vor LLK Bank 2	°C
TALLLKN	Lufttemperatur nach LLK Bank 1	°C
TALLLKN2	Lufttemperatur nach LLK Bank 2	°C
TALSG1	Lufttemp. Saugrohr Bank 1	°C
TALSG2	Lufttemp. Saugrohr Bank 2	°C
PANS	Luftdruck Motoreintritt	mbar
PRST1IeQ	Luftdruck engster Querschnitt Restriktor	mbar
PRST2vV	Luftdruck vor Verdichter im Restriktor	mbar
PALVERV	Luftdruck vor Verdichter	mbar
PALVERN	Luftdruck nach Verdichter Bank 1	mbar
PALVERN2	Luftdruck nach Verdichter Bank 2	mbar
PALLLKV	Luftdruck vor LLK Bank 1	mbar
PALLLKV2	Luftdruck vor LLK Bank 2	mbar
PALLLKN	Luftdruck nach LLK Bank 1	mbar
PALLLKN2	Luftdruck nach LLK Bank 2	mbar
PalSRU1	Luftdruck Saugrohrunterteil Bank 1	mbar
PalSRU2	Luftdruck Saugrohrunterteil Bank 2	mbar
LFTDS	Verbrennungsluftmassenstrom Sensiflow	kg/h

	Abgasstrecke	
T_KRZ1	Abgastemp. Krümmer Zylinder 1	°C
T_KRZ2	Abgastemp. Krümmer Zylinder 2	°C
T_KRZ3	Abgastemp. Krümmer Zylinder 3	°C
T_KRZ4	Abgastemp. Krümmer Zylinder 4	°C
T_KRZ5	Abgastemp. Krümmer Zylinder 5	°C
T_KRZ6	Abgastemp. Krümmer Zylinder 6	°C
TAGTURV	Abgastemperatur vor Turbine Bank 1	°C
TAGTURV2	Abgastemperatur vor Turbine Bank 2	°C
TAGTURN	Abgastemperatur nach Turbine	°C
PAGTURV	Abgasdruck vor Turbine Bank 1	mbar
PAGTURV2	Abgasdruck vor Turbine Bank 2	mbar
PAGTURN	Abgasdruck nach Turbine	mbar
PagPFn1	Abgasdruck nach Partikelfilter 1	mbar
PagPFn2	Abgasdruck nach Partikelfilter 2	mbar
ls_lam_M	Luftverhältnis vor Turbine aus MS Bank 1	-
ls_lam_S	Luftverhältnis vor Turbine aus MS Bank 2	-
LAM1	Luftverhältnis gemessen 1 nach Turbine	-
LAM2	Luftverhältnis gemessen 2 nach Turbine	-

	Kraftstoff	
TKSTMG	Kraftstofftemperatur am Messgerät	°C
TKST	Kraftstofftemperatur am Motor	°C
TKSTRL	Kraftstofftemperatur Rücklauf	°C
PKSTVO	Kraftstoffdruck vor E-Pumpe	bar
PKstLe1	Druck Lecköl Bank 1	bar
PKstLe2	Druck Lecköl Bank 2	bar
PKSTRL	Kraftstoffdruck Rücklauf	bar
KRSTDS	Kraftstoffmassenstrom Messung	kg/h
LTRSTDM	Kraftstoffvolumenstrom Messung	l/h

Druckindizierung		
PSaug1	Druckindizierung Saugrohr Zylinder 1	bar
PSaug2	Druckindizierung Saugrohr Zylinder 2	bar
PSaug3	Druckindizierung Saugrohr Zylinder 3	bar
PSaug4	Druckindizierung Saugrohr Zylinder 4	bar
PSaug5	Druckindizierung Saugrohr Zylinder 5	bar
PSaug6	Druckindizierung Saugrohr Zylinder 6	bar
PZYL1	Druckindizierung Zylinder 1	bar
PZYL2	Druckindizierung Zylinder 2	bar
PZYL3	Druckindizierung Zylinder 3	bar
PZYL4	Druckindizierung Zylinder 4	bar
PZYL5	Druckindizierung Zylinder 5	bar
PZYL6	Druckindizierung Zylinder 6	bar
PAbg1	Druckindizierung Abgaskr. Zylinder 1	bar
PAbg2	Druckindizierung Abgaskr. Zylinder 2	bar
PAbg3	Druckindizierung Abgaskr. Zylinder 3	bar
PAbg4	Druckindizierung Abgaskr. Zylinder 4	bar
PAbg5	Druckindizierung Abgaskr. Zylinder 5	bar
PAbg6	Druckindizierung Abgaskr. Zylinder 6	bar
PvT1	Druckindizierung vor Turbine Bank 1	bar
PvT2	Druckindizierung vor Turbine Bank 2	bar

Hochvoltsystem		
I_ist	Batt-Sim DC-Iststrom	A
iVETDc	Zwischenkreisstrom CU-H	A
U_ist	Batt-Sim DC-Istspannung	V
uVETDc	Zwischenkreisspannung CU-H	V

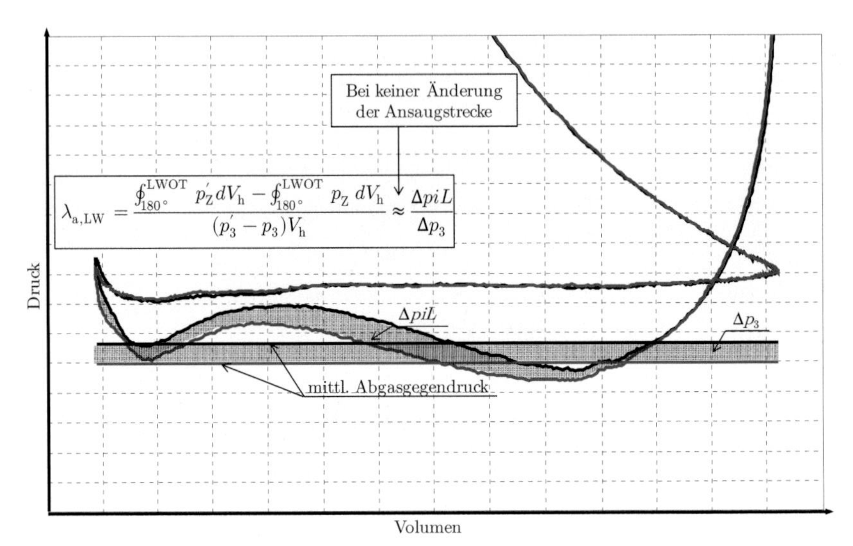

Abbildung 11.2: Definition des Ausschiebegrades

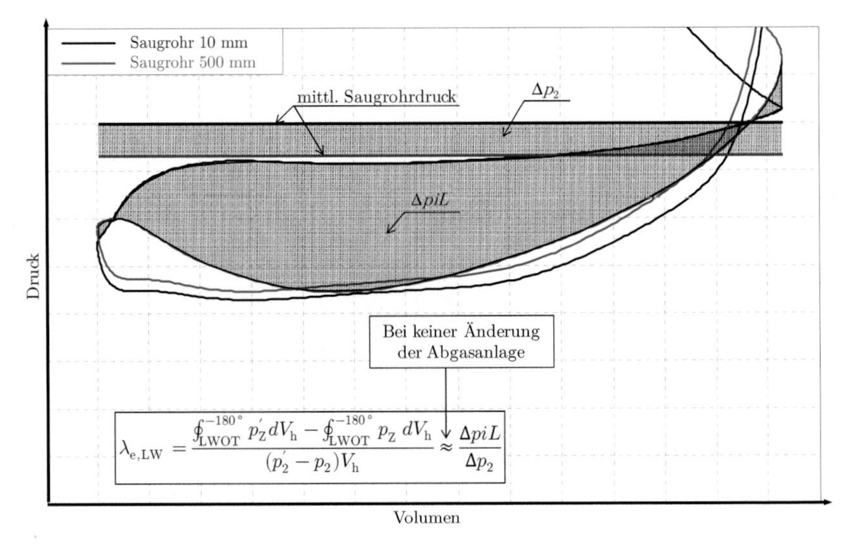

Abbildung 11.3: Definition des Einströmgrades

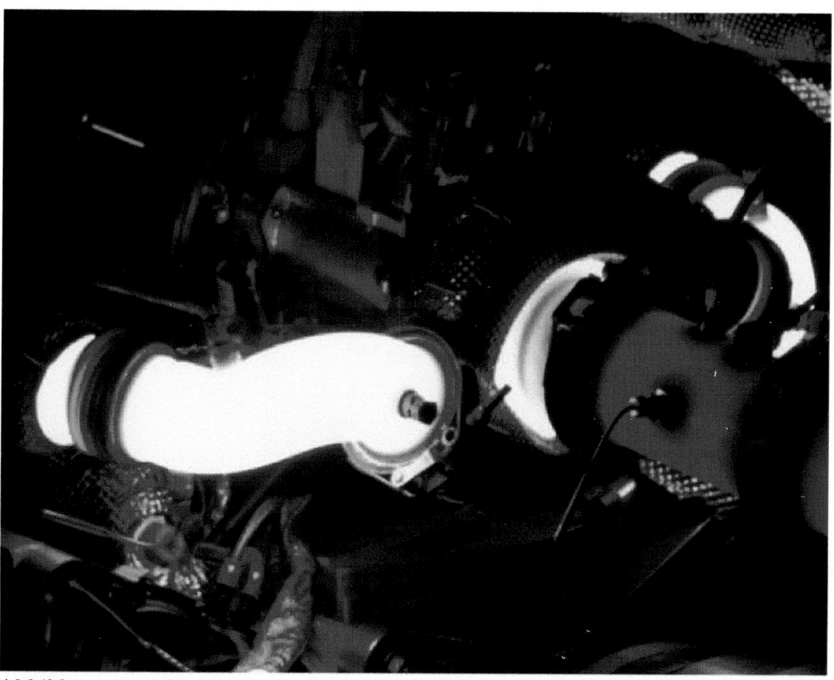

Abbildung 11.4: Variabler elektrischer Turbolader auf dem Motorprüfstand *(Motordrehzahl 4750 1/min; Turboladerdrehzahl 95000 1/min; Luftverhältnis 1,08)*

Printed in the United States
By Bookmasters